U0172201

湖北省公益学术著作出版专项资金资助项目

中国城市建设技术文库

丛书主编 鲍家声

Study on Water-related Planning
in Metropolitan Areas

大都市区涉水规划研究

傅 微 著

华中科技大学出版社
http://press.hust.edu.cn

中国·武汉

图书在版编目（CIP）数据

大都市区涉水规划研究 / 傅微著. —武汉：华中科技大学出版社，2023.5
（中国城市建设技术文库）
ISBN 978-7-5680-8976-0

Ⅰ.①大… Ⅱ.①傅… Ⅲ.①城市—水资源管理—管理规划—研究 Ⅳ.①TV213.4

中国国家版本馆CIP数据核字（2023）第010730号

大都市区涉水规划研究
DADUSHIQU SHESHUI GUIHUA YANJIU

傅 微 著

出版发行：华中科技大学出版社（中国·武汉）　　　　　　　电话：（027）81321913
地　　址：武汉市东湖新技术开发区华工科技园　　　　　　　邮编：430223

策划编辑：王　娜　　　　　　　　　　　　　　　　　　　　封面设计：王　娜
责任编辑：王　娜　　　　　　　　　　　　　　　　　　　　责任监印：朱　玢

印　　刷：湖北金港彩印有限公司
开　　本：710 mm×1000 mm 1/16
印　　张：16.25
字　　数：271千字
版　　次：2023年5月第1版 第1次印刷
定　　价：108.00 元

投稿邮箱：wangn@hustp.com
本书若有印装质量问题，请向出版社营销中心调换
全国免费服务热线：400-6679-118 竭诚为您服务
版权所有　侵权必究

国家自然科学基金项目（41901220）

作者简介

傅　微　女，1988年8月出生，北京大学城市与环境学院博士，中国科学院生态与环境研究中心博士后。现任北京建筑大学建筑与城市规划学院教师、硕士生导师，并兼任《中国城市林业》青年编委、中国风景园林学会文化与景观专业委员会青年委员、国内外杂志审稿人。主要研究方向为景观生态规划、景观生态安全格局与生态效应。

近五年来，作为"北京市优秀人才培养资助青年骨干"，主持并完成国家自然科学基金项目1项、省部级科研项目2项和多项横向项目。发表学术论文19篇，出版专著1本、译著1本。获中国城市规划学会《城市规划》40年40篇论文之"荣膺影响中国城乡规划进程优秀论文"。2020年获科技部F5000（领跑者5000）中国精品科技期刊顶尖学术论文。2021年获北京高校"双百行动计划"优秀示范项目。2022年3篇论文入选学术精要高影响力论文。作为第一指导教师，指导学生获国家级竞赛一等奖等8项。

目　录

1　水危机与涉水规划危机　　001

1.1　国际大都市区涉水规划实践的演变和功能　　008

1.2　规划实施评价　　020

1.3　区域格局与生态过程研究及其生态服务效应　　030

2　"大城市病"中的水问题时空变迁　　039

2.1　水资源短缺时空变迁　　041

2.2　水污染时空变迁　　051

2.3　洪涝灾害风险　　059

2.4　水足迹和水问题演变特征　　062

2.5　北京水问题的特征　　067

3　大都市区涉水规划内容分析及时空演变　　071

3.1　大都市区涉水规划内容时间层面特征　　073

3.2　大都市区涉水规划内容空间层面特征　　082

4　大都市区涉水规划实施的时空动态特征　　095

4.1　涉水规划实施项目聚类及特征　　096

4.2　各阶段热点空间及特征　　120

5 大都市区涉水规划与实施的时空一致性   131

   5.1 涉水规划内容与实施的一致性   133

   5.2 景观格局与生态过程的时空变异   151

   5.3 涉水规划内容与景观格局和过程在时空调控上的一致性   160

6 大都市区涉水规划目标与生态服务效应   165

   6.1 基于模型的生态服务效应   167

   6.2 基于土地利用的生态系统服务制图   188

   6.3 涉水规划对水生态服务效应的作用成效与问题   199

7 大都市区涉水规划实施影响评价   203

   7.1 联动关系评价   204

   7.2 规划实施行为反思   214

8 大都市区涉水规划优化对策   219

   8.1 基于生态安全格局的大都市区蓝绿空间优化   221

   8.2 基于生态支柱保护优先的大都市区蓝绿基础设施优化   230

   8.3 基于全球气候变化和城市化潜在影响的适应性治水   243

参考文献   247

水危机与涉水规划危机

1. 对涉水规划危机的关注增加

水是人类社会发展的基本自然资源，也是生态系统生存的资源（Oki 等，2006；Vörösmarty 等，2010）。随着社会经济的快速发展，水的供需矛盾日益突出，水资源已成为越来越多国家和地区可持续发展的瓶颈。自 20 世纪 70 年代以来，水资源管理面临的挑战日益全球化，人们越来越意识到淡水状况恶化所带来的不确定性，以及许多地区涉水规划治理做法的不可持续性。国际社会针对这些挑战提出了意义重大而深远的政策与倡议，如应对荒漠化，控制水污染，针对当前和潜在的水资源冲突制定预防冲突措施，监测和预防与水有关的威胁和危害。人们近几十年来做出了诸多努力，以降低生态不可持续性，缓解水危机。

在很大程度上，造成水危机的主要原因既不是技术层面的，也不是气候等自然层面的，而是广义的社会和政治层面的。换言之，水危机主要是水治理危机（联合国教科文组织，2006）。但是"治理"意味着什么？尽管在专门研究水的文献中，这一概念的普遍使用似乎表明人们对治理的意义有着共同的理解，但事实上，这个问题的答案并不简单。对一些人来说，治理是实现特定目的的手段，是一种行政和技术工具，可以在不同的环境中使用，以实现特定的目标，例如执行特定的水资源政策。对另一些人来说，治理是一个过程，所涉及的不是专家和权力拥有者做出的决定的实施，而是关于替代的、往往是相互竞争的社会发展项目的辩论，以及通过实质性民主参与的过程来定义社会必须追求的目的和手段。多数实践研究表明，法规政策对于环境保护和促进可持续发展作用上的失效水治理危机的关注增加，由政府无效管理、不充分管理、不重视管理所带来的水紧缺问题被描述为"水治理"危机（World Water Council，2000；United Nations，2002）。例如 Draper（2008）提出尽管导致缺水的原因有多种，但许多观点将矛头指向公共部门在水分配方面的无效性和失败。其他原因还包括政府在水政策上的错误引导、无效的公共管理，抑或是不均衡的分配。这一提法得到主流媒体及专家学者，乃至工程师与经济学家的普遍认可并受到广泛关注。

对水危机达成共同理解，对于与水有关的学术和技术努力也具有重要意义，这强调了对水进行研究有意义而不仅仅是口头上的跨学科的呼吁。在这方面，虽然在与水有关的技术科学领域，如水文地质学、水利工程或应用于涉水管理的生物技术，已达到高度复杂的程度，但我们仍远未清楚地了解水危机的历史的、社会经济的、文化和政治的进程。技术科学和社会政治知识领域之间的这种差距可能有助于解释，为什么近几十年来在水方面取得的巨大技术进步没有反映在更可持续、更有效的涉水管理实践上。因此，有必要在涉水管理活动的技术科学、社会经济、政治和文化方面建立一种平衡，并取代在学科和政策斗争中人为地将水研究和实践分开的做法。相应地，发展真正跨学科的方式，有助于发展基于可持续性和社会正义原则的水治理和管理实践，是 21 世纪水治理面临的紧迫挑战之一。

涉水管理中缺乏制度效率，如不充分的水文评价、缺乏协调规划、技术不符合当地条件、所谓的自发无意识的和草率的修正。工程建设滞后于形势需求，水利仍是国家基础设施的短板。用水管理、水资源规划、土地利用规划、绿地系统构建等管理机制问题均会带来严峻的水危机，水资源开发、利用、治理、节约和保护五个环节的任何一环都是与水相关问题的驱动因子。全球范围内，大多数国家都经历了竭力开采水资源的过程，过去的涉水管理规划主要包含资金、高科技和工程项目，例如建造水坝、跨流域调水、防洪、发展农业所需灌溉与排水、污水处理等。这种管理在近半个世纪以来被看作有悖于水资源客观情况，致使水资源遭到无法估量的大规模破坏。毫无章法的工程建设是水系健康走下坡路的第一步，而寻求合理有章法的目标结构正是涉水管理规划所需要的。

2. 严峻的水问题使得涉水规划实施走向不容产生偏差

伴随着全球环境以前所未有的速度发生变化，一系列全球性重大环境问题对人类的生存和发展构成严重威胁，于是环境变化已成为最重要的全球性研究主题（Rind，1999；Moore，2000）。水危机关系到供水、防洪和粮食安全，关系到经济社会发展和生态系统的改善，关系到能否开创生产发展、生活富裕、生态良好的文明发展的道路。最普遍的水危机是洪涝和干旱，在历史的长河里，尽管人类在减少水危机的影响上作出了巨大努力，但其仍继续对经济活动和人类生命构成重大风险。来自国际灾害数据库的统计数据显示，在过去的一个世纪里，尤其是过去的几十年里，世界范围内的自然灾害数量呈指数增长（图 1-1），水文灾害数量的增加尤其显著。从死亡人数和受灾人数对比来看，死亡人数明显减少，而受灾人数则大幅增加（图 1-2 和图 1-3）。加强防护措施，使得死亡人数有所减少。然而，人口密度的增大同样导致了受灾害事件影响的受灾人数增加。

进一步观察洪水和干旱的发生数量发现，这种趋势更加明显。世界范围内的洪涝和干旱的发生数量中，洪水（包括河流洪水和山洪）的发生数量在过去几十年有显著的增加。根据1900年以来我国十大自然灾害的死亡人数和受灾人数的变化，在

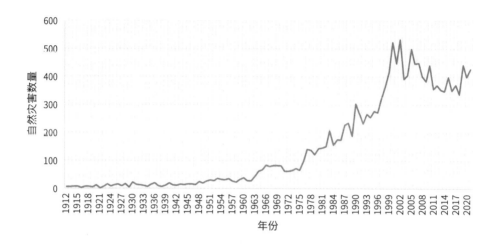

图 1-1　世界范围内的自然灾害数量呈指数增长

（资料来源：国际灾害数据库）

图 1-2　世界范围内自然灾害造成的死亡人数和受灾人数对比

（资料来源：国际灾害数据库）

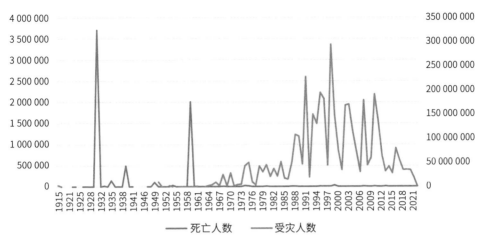

图 1-3　世界范围内水灾造成的死亡人数和受灾人数对比

（资料来源：国际灾害数据库）

人员伤亡方面，最严重的灾害（包括四次洪水）发生在 20 世纪上半叶，但从受影响的人员数量来看，最严重的洪水灾害发生在过去的 25 年里。尽管数据存在不确定性，但总体趋势是明确的。

随着城市人口的增长和经济的发展，水资源紧缺越来越制约城市的发展，越来越受到关注。尤其是由水污染、水量紧缺所导致的水问题，严重制约着城市的发展，如何从可持续发展的角度考虑城市水问题越来越引起高度重视。

3. 城市化对水问题影响的研究视角

水是一种独特的自然资源，具有自然、环境、经济和社会属性，还具有时间维上的可再生性。它不仅是生态环境的有机组成部分和控制性因素，还是联系社会经济和生态环境的纽带，对社会经济系统和生态环境系统的其他要素起重要的支撑作用（刘昌明 等，2003）。城市化作为全球可持续发展战略的一部分，其环境影响已经成为一项研究重点。城市化过程在全世界范围内带来了机遇和挑战，挑战是指引发了逐年严峻的环境问题，机遇则是指促进了经济发展。

一方面，直接从城市化率（即城镇人口与总人口的比值，是衡量城市化的常用指标）角度出发，研究城市化与水质、水量、水循环的关系（鲍超 等，2008）。研究城市化与水环境问题的关系，以探索水体化学成分变化与城市化率之间的相关性较为常见，包含污染程度、水质、污染源、污染类型、不同污染物之间的作用反应等（Olajire，2001；Laureano，2002；Zhu 等，2002；Zhao 等，2013）。另一方面，城市化是城镇人口增多的动态过程，必然改变土地利用类型和格局，带来水体、径流、水生生物的生态质量下降，最终导致水资源受到影响，以建成区面积递增、不透水表面比例增加、土地利用格局指数等来衡量城市化进程（Deng 等，2009；Haase 等，2007；Alberti 等，2007；Poelmans 等，2010），采用这种逐级影响来探寻城市化与水的关系在研究中更为常见。还有一个方面，即将不恰当的城市工程措施作为研究对象，探寻其与水问题的关系。有学者对河道渠化工程、拦河筑坝、城市排水管网工程、城市治污工程对水文效应和水生态功能产生的影响进行机理分析（Ouyang 等，2009），这些把一个有机的系统割裂开来的做法，这种缺少水系统完整性考虑的单一目标的工程做法非但不能有效地解决问题，反而会进一步加剧水问题（俞孔坚 等，2003；夏军 等，2009；胡宝柱 等，2008）。此外，城市化的表征——城市规划也可以作为分析对象，其所具有的时间和空间属性可以从机制分析的视角为城市化对水问题的影响研究提供借鉴。

以规划及实施内容分析为思想基础的涉水规划实施评价研究，在西方国家已获得较大的发展（Brody 等，2006；Brody 等，2005；Talen，1996），而我国，尤其是大都市区，对此迫切需要却还没有真正起步。由此，需要提出以下基本问题：①规划理论方法不断推进，涉水规划实践后大都市区域生态空间结构已出现问题，亟待对大都市区不断演变的涉水规划实践所形成的规划及实施格局进行梳理，展开动态定量遥感反演监测与评价；②规划实施评价不仅是面向过去的评估，更重要的是对有成效的规划途径进行加强和稳固，面向未来实现规划政策更有成效地执行（Rands 等，2010），尚待定量综合一致性和绩效性的基于人与自然可持续发展的涉水方面规划实施评价；③景观格局与生态服务研究进展中亟待探寻景观涉水规划实践有效性的机制与方法，更为迫切的是对城市这一人类活动与生态体系交织极为复杂与密切的区域，有待明确涉水规划作用于景观格局的机制，以及涉水规划作用于景观格局继而影响生态服务效应的层级作用机制。

本书将通过梳理北京 1949—2020 年涉水规划和实施情况的时空变迁，给予评估与反思，唤起我国对涉水规划实施评价这一研究领域的重视。只有在深入理解涉水规划的运作体系、实施机制及相关因素影响的基础上，展开习惯性和程序性的规划实施行为反思——规划实施评价，并将成果予以及时反馈，才能更好地推动涉水规划领域的全面发展。

1.1 国际大都市区涉水规划实践的演变和功能

1.1.1 概念与理论

1. 景观生态学（Landscape Ecology）理论

基于生态的涉水规划是实现持续发展的一个重要途径。通过可持续涉水规划来协调人与自然及资源利用的关系，可追溯到19世纪末的生态学思想家及区域规划的先驱者的著作及规划实践，并在第二次世界大战前得到很大的发展（欧阳志云，1995）。规划师们开始有意识地协调处理自然景观、自然过程与人工环境的关系。可持续涉水规划的理论、方法和实践相互推动。美国的中西部与东北部开展了许多开阔地的规划，如 Olmsted 与 Voux 于1878年设计的波士顿后湾与克利夫兰泥河，1888年设计的明尼阿波利斯项目，1893年 Eliot 对波士顿的综合规划，以及 Jensen 在1920年对芝加哥南部的规划。20世纪初，生态学思想广泛向城市规划、风景园林等应用学科渗透，后来受霍华德的田园城市模式的影响，绿化布局用于定义城市边界，防止城市蔓延（Howard，1946），以创造更接近自然的居住环境，成为生态城市的现代启蒙。新城运动中，特格韦尔综合自然与社会文化因素的规划，将麦克哈格的"设计结合自然"发扬光大，成为生态规划方法的主流，发展了一整套从生态适宜性分析到土地利用的规划方法论和技术。这种通过大型绿地来隔离和定义所谓"好的城市形态"的理念，继而被进一步发展并应用于欧美各大城市的规划和建设中，如伦敦、柏林等许多欧洲城市通过绿化隔离带、绿心和绿楔来隔离和定义城市空间（Frey，2000；Jim，2003；Blumenfeld，1949；Moughtin，1996）。我国则在20世纪50年代，经由苏联的城市规划模式，开始将这种源于欧洲的绿化隔离带思想应用在北京、西安等城市规划中（欧阳志云，2004；闵希莹，2003）。兴于20世纪80年代的景观生态学在生态规划垂直千层饼模式下，注入了对水平生态过程与景观格局关系的强化，把"斑块-基质-廊道"作为分析景观的模式。1999年，基于绿色基础设施、生态基础设施概念的绿地网络规划得以提出（Benedict 等，2000），尽管不同的组织和学者对绿色基础设施的定义略有不同，但均强调以下两点：①它是互相连接的开放空间网络；②它可作为区域的生命支持系统以维护生态系统的价值和功能。

生态空间与格局的功能已得到广泛研究。城市生态格局的建立对许多城市都有促进作用，特别是生态空间提供了一系列生态系统服务（de la Barrera 等，2016），如降低热岛效应（Andersson-Sköld 等，2015），调节空气质量（Janhäll，2015），洪涝调节（Livesley 等，2016），降噪（Van Renterghem 等，2016），小气候调节、生物多样性保护、游憩丰富度（Wolch 等，2014）等。生态格局规划是将空间进行再组织，从绿色基础设施、生态基础设施、绿道等角度控制城市发展、调整城市生态系统服务功能、改善生态环境，为居民提供线性、组团式的游憩场所。孙施文提出尤其要关注生态规划中结构性绿地的建设，如绿带、楔形绿地、作为组团分隔的绿地等的实施情况和实际作用。生态绿地结构存在的问题已受到学术界的广泛关注，包括美国的华盛顿地区（Amati，2006）、加拿大的渥太华地区（Taylor，1995），以及亚洲的一些城市（Yokohari，2000）。该问题集中体现在：主观意愿有余而与土地生态的本质联系不足；功能单一，往往强调城市空间的组织，阻隔城市蔓延，而缺乏综合的生态效益，可达性差，可使用性差；缺乏足够的绿地划线，容易使绿地本身成为城市扩张寻租空间的牺牲品等。

景观生态规划和设计的科学基础日益得到重视，倡导有效地构建基础研究与规划设计之间的桥梁（傅伯杰，2008）。我国生态规划不仅停留在思想和理论层面，而且已逐步有区域级、市级层面的实践（郑善文，2017），应使科学研究的成果更多地应用于实践，发挥其社会价值。

2. 学习圈（Loop Learning）理论

学习圈理论在资源管理的概念中已逐渐成为分析热点（Hargrove，2002）。圈层式学习圈（Armitage，2008），特别是 Pahl-Wostl 基于 Argyris 和 Schön（1978）的双环学习概念发展而来的水政策的三环学习圈（Pahl-Wostl，2009），在环境和资源管理中得到广泛应用。引用 Flood 和 Romm（1996）关于三环学习在政策管理层面的概念简述，单环学习质疑的是我们所做的事情是否正确，双环学习是反思我们是否在做正确的事情，三环学习则是如何决定怎样才是正确的，质疑到底是强权导致的当下管理的可行性，还是正当性支持着政策管理的推进。三环学习圈作为执政准则，已运用在欧洲的莱茵河流域、易北河流域、瓜迪亚纳河流域、蒂萨河流域（Sendzimir 等，2007），中东地区的阿姆河流域，以及非洲地区的尼罗河流域和奥兰治河流域（Pahl-Wostl 等，2005）。

单环学习是指渐进式地改进已建立的策略，而不质疑规划背后的假设。渐进式变化的政策规划较为常见，是对以往的决策行为不断补充和修订的过程。因为政策的制定往往受路径依赖性的控制，所以在不改变指导方针和原则的情况下，主要工作为细化政策和实施条目，并提高绩效。这一类涉水规划变迁过程所产生的新政策和过程均是对当时所面临危机的一种反馈，即"问题关注圈"，包括从目标设定、政策制定、政策实施、监管和评估到实施评价的一个单循环圈，一个循环过后推进下一阶段的目标，以解决阶段性问题作为涉水规划的变迁途径。渐进模式的一大特点是固定化的预测方式，试图控制未来的不确定性，例如面对适应气候变化的涉水规划，就是以不断提高区域气候预测的准确度来了解下一步需要增加的防洪堤高度和水库库容为规划点。

渐进模式在环境规划中失败的例子已在各类案例研究中予以提及，如佛罗里达州海岸带高危险区保护政策（Puszkin-Chevlin 等，2009）、美国 1986 年安全饮用水法案（Brown 等，2005）、比利时造林政策（Van Gossum，2008）、澳洲淡水保护区政策（Nevill，2007）等。渐进模式的失败甚至可能引起原本环境问题的加剧或政策本身的倒退。

双环学习是指用价值标准框架重新衡量原本的规划假设（如因果关系的重新思考），在单环学习的基础上考虑并纳入新的规划方面，改变系统分析的边界，以及从行为的前提假设上取得根本性改善（Pahl-Wostl，2009）。如果说单环学习强调的是对现状的"认知"，那么双环学习就是克服"习惯性防卫"造成的认知障碍，强调对造成现状原因的"反思"。不仅要关注已实施的规划是否有偏差并考虑如何纠正，还要关注规划原则是否出现偏差和变化。以防洪措施为例，涉水规划双环学习模式，体现在不仅单方面提高防洪堤的高度和水库库容，还采取为堤坝重新选址、预留蓄滞洪区及修复河漫滩湿地等保育和恢复机制的处理做法。但框架重构仍然可能受背景结构的牵制，限制主导框架的改变。

三环学习模式的形成背景之一是 20 世纪初期对刚性保育规划范式的质疑（Verschuuren，2007）。关于自然资源管理的法律法规及政策规划往往倾向于基于保育和恢复的范式（Hill Clarvis 等，2014），因此，在许多地区，环境规划为了保护环境，采取完全与人类活动隔离的做法。但人类活动长期或短期、直接或间接地影响着水资源等环境条件，很难将两者分割开来考虑，甚至有些人对环境正面积极的改造亦是值得借鉴的部分。提出三环学习模式的另一背景是学者们逐渐认识到科学知识在控制自然系统方面的局限性，开始强调要包容而非控制未来的不确定性和复杂性（Peat，2002）。Kenneth Boulding（1981）提出，"只有当存在固定参数，如天体力学这样的系统，其未来才有可能被预测。然而，自然系统，存在的是非恒定的参数……要预测其可能性是非常有限的"。因此，de Graaf 等（2009）表示"世界范围内，彻底地转变城市涉水规划的诉求需要科学家和决策者的共识"。

三环学习模式彻底而全面地转变了管制框架、风险管理实践和主导价值观建构等方面（Szekely 等，2013）。结构的改变将导致规划参与者的扩充或调整，新的参与者得以加入，范围和权力结构得以改变，新的管制框架得以引荐（Pahl-Wostl，2009）。仍以洪水管理为例，在气候变化条件下，三环学习模式下的洪水管理趋向于综合景观规划和强有力的行为，而不是优化策略。运用三环学习过程，在资源治理机制中关注动态变化和适应能力，是针对当今突如其来的挑战、潜在的未来变化和不确定性而出现的（特别是来自学者方面）且逐渐高涨的声音（Biswas 等，2010）。然而，关于涉水规划革新的研究多数是基于小尺度的技术方面的革新，如雨水收集技术、滴灌技术和污水处理技术等（Bentama 等，2004；Burkhard 等，2000）。除了在水质、水量等改进上的技术革新外，社会、经济和行为方面的革新也成为实践者和学者当下奋斗的方向，即针对"自上而下"政策实施带来的低成功率和问题（de Graaff 等，2013），予以反馈和修编（Brandes，2005；Head，2010；Wolfe 等，2011）。

1.1.2　分析方法

涉水规划变迁的研究方法多样，对于涉水规划历史变迁和未来涉水规划途径的探讨主要有以下几种常见分析方法：预景分析（Haasnoot 等，2012）、地图分析（Forest 等，2012）、内容分析（Moore 等，2014）、模糊分析（Brunner 等，2010）、跨部门分析（Chipofya 等，2009）、模型模拟水政策效应（Shao，2010）等。

1.1.3 案例实践

1. 澳大利亚悉尼城市涉水规划

澳大利亚城市涉水规划历程与沿水系从聚落发展起来的许多城市存在共同之处。按照不同涉水规划内容划分时段，具体如下。

（1）1770—1800 年，饮水、蓄水工程是城市治水的初衷

整个城市供水由坦克河[1]水系供给，但很快便无法满足需求，特别是在干旱时期。为了克服供水不足的问题，建设了澳大利亚第一个水利工程项目，邻近坦克河水系设置了 3 个蓄水空间。但因缺乏水污染与饮水相隔离的考虑，这条引水水系被过度倾倒废水垃圾而逐渐转为一条排污河。

（2）1800—1890 年，水污染治理出现

水系与人类活动有密切联系，受传播疾病频发的影响（Curson，1985），澳大利亚于 1803 年出台第一个关于水污染的政府环境条例。尽管条例规定的惩罚很严厉，但还是没有达到其预期的实施效果，因为依旧缺乏合适的涉水管理，乱扔污废物的情况使饮水水系污染过度，不得不另寻其他河流资源，这诱发了人们在自家后院打井取水的行径。1830 年，开始修建连通近郊拉克伦河湿地（今天的悉尼世纪公园）与城市的引水道，坦克河水系的污染物排到了作为水源的拉克伦湿地。到 1858 年，不得不再开启悉尼第三个供水计划，将与湿地处于同一集水盆地的植物学湾湿地作为水源。1859 年几乎在各个街道建立了小型的排水管道，并在 5 个区域设计了 5 个排污口。但供水、排污和雨洪系统还有很多方面没有达到政策、社会和居民生活健康的期望。

1867 年，规划了一项充满野性的供水工程，在尼平河上游修坝收集和储存来自悉尼西南部伊拉瓦拉高原的地表径流（Haworth，2003），取代水源日益干枯的植物学湾湿地供水计划。该计划设想充足的水量可以辅助冲走当时逐渐干涸条件下的河道的污废物。但直至 1890 年，该项目也未实施，取而代之的是升级排污和雨洪

---

[1] 坦克河（Tank Stream）是一条已列入遗产名录的前悉尼湾淡水支流，现在是位于澳大利亚新南威尔士州悉尼市地方政府区悉尼中央商业区的隧道和水道。

系统。在当时伦敦和纽约等城市采用合流制时，因悉尼雨季的雨量是平时旱季的百倍，建立合流制需要更大的泵站和处理设施，造价和运营都十分昂贵（Burian 等，1999），所以倡议雨污分流，并分别建立雨、污管道和泵站（Tarr 等，1977），从而改善悉尼河系、海港和海岸的污染情况，但城市中许多老旧住区、西部近郊区仍保持合流制。

（3）1890—1960 年，水源保护区划定与雨洪管理思想萌生

1902—1935 年，在都市给排水法案下成立的给排水委员会严格划定了悉尼供水保护红线，阻止污染，共划定了四大水质良好且未大量开发的保护区域，为悉尼提供了优质的水资源。水源保护区的划定和雨污分流制这些规划显示出悉尼对发展给排水基础设施和涉水规划的前瞻性。雨洪系统在 1889 年库克斯河发生严重水灾前并未引起重视，城市扩张、房屋新建在当时并未同期修建雨洪设施。突发事件后，才逐渐意识到缺乏雨洪设施和规划所带来的严重后果。1896 年规划提出移除库克斯河所有堰、坝，恢复河流自然水流动和冲刷能力，并修建明、暗运河连通水系（Davies 等，2014）。虽然工程由于受到当时大萧条（1929—1932 年）的资金影响，只以增加就业机会的形式疏浚和硬化了部分河道，但一系列雨洪规划和法案在之后相继颁布，且河流、海潮自然属性的释放也使得雨洪规划有助于污水的冲散（Warner，2001）。随后第二次世界大战及悉尼八年干旱时期（1934—1942 年）（Beasley，1988），也逐步促进了雨洪思想的发展和完善，并将其列入立法改革中。

（4）1960—1980 年，城市格局水系治理规划的诞生

这一时期悉尼城市涉水规划已开启新的篇章。治污方面，20 世纪 60 年代，开启了全国范围内的污水治理，点源和面源污染共同开展。1971 年颁布的净水法案，一方面针对点源污染颁布了排放许可；另一方面，针对面源污染提出"为保护供水水源集水盆地，再考虑到水系在游憩、农业和环境方面的价值，将水系按使用级别和环境敏感程度分类"。但最终因未达到预期效果而取消了分级系统（Beder，1989）。不仅如此，城市地表初期雨水径流所引起的面源污染取代点源污染成为威胁水系的主要污染，但分类系统未对面源污染处理有帮助，这也是取消这一做法的原因之一。水系格局方面，1951 年，试图将土地格局与涉水规划结合考虑，在悉尼城外围设置环城绿带以期控制城市蔓延，保护重要农用地、未利用地和河流廊道，

但侵占过程并未受阻。2005年9月宣布终止环城绿带，改为绿网结构。Bradsen（1992）和Davies（2011）等对这一时期的不同现象进行评价，分别从植被减少的角度和城市水系恶化的角度指出规划执行和立法情况都没有抑制长期开发所带来的影响，也未意识到城市地区的环境破碎化问题，进而批判数以千计的管道做法（Davies等，2014）。城市雨洪控制方面，在这段时期，雨洪规划的重心放在经济有效的防洪基础设施上，即洪水快速而安全地通过最近的水道（O'Loughlin等，1999）。与此同时，城市发展不断地占用新旧河漫滩，这也引发了多数提案要求更优的城市涉水管理办法。最突出的提案是就地滞留雨洪而降低洪峰，该提案在1980年首次在库灵盖地区采用，并在1995年实现整个悉尼地区的普遍采用（O'Loughlin等，1995）。政府共同协作治水的现象也在这一时期有所涌现，但不充足。

（5）1980—2000年，涉水综合管理模式开启

20世纪90年代，澳大利亚水质管理策略中加入开放空间和游憩设施的改善部分，并对供水方式展开调整。1996年，提出国土层面的综合涉水管理导则，从单独治理污水、供水、整治排水等行动转向以环境改善为核心综合考虑。1997年创建的城市雨洪基金促进了政府、企业和非营利机构共同治水和跨部门协作的实现。但基金供给的途径不具备可持续性，资金的逐渐枯竭导致原本参与雨洪管理的地方政府撤出，又有回到原本传统硬化河道等治理雨洪的趋势。尽管涉水综合管理模式并不完全，但标志着悉尼形成了水总量循环的管理视角，这对后来的悉尼涉水规划思想产生了深远影响。

（6）2000—2010年，水敏感城市设计被提出与涉水规划实施评价受到重视

1949年以来近50年的强降雨时期后，席卷澳大利亚整个东南部的干旱重塑了公众对用水的价值观：①不断变化的气候和环境造成了水治理的不可预知性和复杂性；②提取和补给水资源对环境有重要影响；③当下的涉水规划实践仍不具有可持续性。因此，面对缺水的现实，悉尼涉水规划进行了适应性的调整：保护水资源，找寻不同供水途径，建设多样的基础设施，逐渐增加水循环利用、再生水利用。其中规模最大的是2001年运营的悉尼西北部劳斯山回用计划工程项目，将1.4×10^9升中水处理后供给约6万名居民使用，减少了40%的饮用水使用，该项目也为确立非饮用类用水使用再生水的导则提供了佐证（Fairbairn，2006）。水敏感城市设计应

运而生，强调通过城市规划和设计的整体分析方法来减少对自然水循环的负面影响和保护水生态系统的健康（王思思 等，2010），涉水规划更为重视对其进行实施评价。

2. 美国涉水规划转型

（1）从强调防洪、航运、发电和灌溉转向强调河流、湖泊、坑塘生态环境对水资源的需求

1776—1930 年，美国为了适应经济发展对防洪、航运和发电的需求，密西西比河流域防洪规划工程、加州中部灌溉工程、胡佛大坝、帝国灌区和圣路易斯河入海口工程等相继完工。20 世纪 30 年代后，联邦能源管理委员会（FERC）、美国农业部（USDA）、规划委员会与美国陆军工程兵团（USACE）协同合作，共同提出了全美各大流域的多目标发展规划，其涉及野生动物保护、水源供应、土壤侵蚀管理、森林保护、污染物控制、城市污废水处理等，标志着环境资源保护和机构合作在水政策与规划中的重要地位（贺缠生 等，1998）。到 20 世纪 70 年代，美国水资源管理从早期的防洪、航运、发电和灌溉稳步转向强调河流、湖泊、坑塘生态环境对水资源的需求，包括游憩、湿地恢复、濒危物种保护等，并将这一目标沿用至今。表 1-1 为美国水资源管理的转变。

表 1-1　美国水资源管理的转变

项目所在地	项目初始目标	转型后目标
密西西比河上游	航运	生态和游憩效益
密西西比河中游	航运和防洪	生态和游憩效益
密西西比河下游	航运和防洪	湿地保育和恢复
哥伦比亚河	水力发电、航运和防洪	三文鱼栖息和物种恢复
密苏里河	航运、防洪和灌溉	生态和游憩效益
佛罗里达湿地	耕地灌溉和防洪	湿地恢复和供水
路易斯安那海岸线	防洪、航运、石油天然气开发	湿地恢复
格伦峡谷大坝	水力发电	游憩和濒危物种保护
基西米河	防洪	湿地保护

（2）工程型的治理措施转向非工程型预防措施

极端现代主义的规划思想影响着早期美国涉水规划实施，如北美洲跨流域调水规划，规划数量在20世纪60年代达到峰值（Forest等，2012）。从规划图中可以看出，美国在20世纪80年代仍欲通过技术控制和重置水系格局，试图跨国界引水，从而解决水资源分配不均、洪水控制等一系列问题（图1-4和图1-5）。

然而，公众环境意识的增强，工程措施在防洪和发电上的多次失败，以及水利工程对生态环境的危害研究，这三个方面最终打消了美国20世纪80年代大规模水利改造的念头。相反地，美国涉水规划开始重视非工程措施（表1-2），如保护湿地、植树造林，通过土地利用规划保护地下水资源等形式防洪和保护生态环境，并逐步建立了一系列规划管理数据库，包括动植物种类分布、土地利用、水质、水流方向、流域边界、土壤情况及交通运输等数据，为更科学地建立预景和流域管理提供依据。

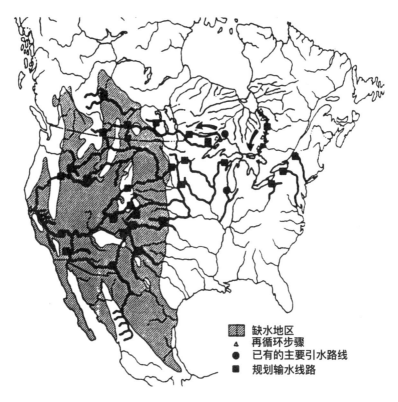

图1-4　20世纪80年代末北美洲跨流域调水规划

图 1-5　北美洲不同水问题分布情况

（资料来源：Forest 等，2012）

表 1-2　美国涉水规划实施工程内容转型前后对比

工程内容	转型前后的对比	
	传统	转型
范围	项目本身	多个项目系统
目标	单一目标	多个目标
措施	工程的	非工程的
聚焦点	建设	长期管理
风险认知	较少	广泛

20世纪80年代末涉水规划还进一步从生态功能的角度重视和强调流域生态系统的综合功能，对水资源质量的指标选择，不仅纳入化学指标，还考虑生态指标，包括栖息地质量、生物多样性和整体性等。

1.1.4 问题与小结

通过案例分析发现，多数国家在涉水规划实施的变迁中均经历了以下问题。

（1）对短期问题给予过高的优先权

从水资源规划模式看，短期内解决缺水、污染等问题是关注的重点，例如建造水坝、跨流域调水、防洪、发展农业所需灌溉与排水、污水处理等；长期地、综合地解决水问题的措施却易受到各方压力而滞后。短期有效的这些规划措施几乎总是在控制水循环，或者说是在竭力开采水资源，而不是和水资源客观情况相辅相成，致使水资源遭到无法估量的大规模破坏（David等，2012）。

（2）偏重水作为"资源"的属性

从水资源管理的目标来看，国内外涉水管理规划均随着人类开发利用水资源的活动而产生，并起步于供水工作，主要是为了满足人类社会对水的需求。从某种意义上说，过去的水利工作主要研究如何供水，很少研究如何合理用水（钱正英 等，2009）。正是在以供水为主的目标下，城市涉水管理忽视了水作为"生态系统"的属性，缺乏对健康水环境的重视，直到一些地区水的供需产生矛盾，才出现涉水规划思想转型的转折点。

（3）将雨洪视为"灾害"，而忽视其作为资源的一面

雨洪管理实际上是一种古老的传统技术，很早就为人们所使用。虽然古代并没有"雨洪管理"这一名称，但当时的一些技术已经体现了收集雨水、利用雨水的基本思想，如古代的陂塘、水柜、排水明渠等（张民服，1988）。随着科技的发展，人们从自然中获取资源的手段越发先进，开采地下水成了获取水源的最容易的手段，大规模的水库也可以轻而易举地建成。雨水的利用逐渐被遗忘，人们甚至将雨洪视为一种灾害，对待雨洪的态度是"以排为主"，而且强调快速排放，为此采取修堤筑坝、固化渠化河道、建设市政管网等措施以求将洪水迅速排走。近年来，雨洪管理的理念发生了较大的变化，人们开始反思自己的行为，并逐渐开始进行低环境影响的雨洪管理探索。

（4）探索阶段面临障碍

在普遍意识形态已经形成的情况下，涉水规划治理水平处于领先地位的国家相继推出了不同概念和内涵的规划途径，包括美国的流域综合管理、澳大利亚的水敏感城市设计、荷兰的适应性涉水规划和苏格兰的水资源综合规划等。但在复杂、跨尺度和不断变化的气候条件下，这些途径均处于探索阶段，且面临不同程度的政策障碍。以苏格兰为例，水资源综合规划在苏格兰还远未达到落实的目标：与相关部门政策间的联系还存在很多漏洞；执行工具和手段也还需要发展和完善。这些问题都不仅仅是技术层面的，还表现在现存规划治理机制在处理不确定性和外界变化的疑难问题上，需要不断改进探索（Rouillard 等，2013）。

1.2　规划实施评价

1.2.1　概念与理论

1. 土地利用规划实施评价

规划实施评价，是指根据一定的标准，按照一定的方法，对土地利用规划实施的效果展开比较、分析和综合后，所作出的一种价值判断（孙施文 等，1997）。土地利用规划实施评价则是对土地利用规划的目标、效益、作用、执行情况、影响和社会认同进行系统、客观的分析（薛凌霞和孙鹏举，2008），主要包括三个方面的内容：其一，是对土地利用规划目标的直接评价。评价的内容是土地利用规划有条件或者直接控制的指标。如果土地利用规划实施结果与预定的指标基本或完全一致，即可说明至少在该时期土地利用规划在执行和控制这些指标上获得成效。其二，是对规划对象的绩效评价，即评价土地利用规划实施后对规划对象及其环境所产生的影响。其三，评价规划本身的社会认同情况，是社会对规划的认知程度和对规划公平性的信息反馈（余向克 等，2006）。

2. 城市总体规划实施评价

城市总体规划实施评价是指在规划实施过程中，对城市总体规划实施效果和规划实施环境的趋势及变化展开持续地监测（孙施文，2000；吕迪华，2005），并在固定的实施阶段，利用规划前确定的评价指标，评价规划实施监测的结果以衡量规划实施的效果，再通过比对规划实施的实际效果与实施目标的偏差，调整规划策略和实施手段（张兵，1998）。

3. 规划环境影响评价

流域、海域、区域的建设与开发利用规划及各专项规划，应当进行环境影响评价。其内容包含：规划实施可能对相关区域、流域、海域生态系统产生的整体影响；规划实施可能对环境和人群健康产生的长远影响；规划实施的经济效益、社会效益与环境效益之间及当前利益与长远利益之间的关系（苗蕾，2006）。其中，涵盖江河流域规划环境影响评价，即在流域规划阶段，从生态和环境的角度，对流域内多项水利水电工程及水利措施所组成的流域内近、远期规划方案展开评估，规划方案参与比选，并研究维护与改善环境的策略、措施，修正和完善规划方案，使所推荐的规划方案既能满足经济发展的需求，又满足环境目标的要求（杨洁 等，2004）。

1.2.2 分析方法

1. 实施广度和实施深度评价

实施广度评价是评估至少实施了一次的规划政策与从未实施过的规划政策之间的比值。从未实施过的政策可能是因其过于模糊或者过于强硬，又或者与场地无关，当然也有可能是实施者不愿实施所造成。

实施深度评价是评估至少实施了一次的规划内容的平均比值，以及所提到的某一关键点（如雨洪管理等）方面的规划内容的比值（孙施文 等，1997）。

2. 一致性评价与绩效评价

一致性评价与绩效评价的方法较为常见，已广泛用于土地利用规划实施、空间规划绩效评价等方面（表1-3），可谓规划实施评价研究的基础内容。

表 1-3　基于一致性评价与绩效评价的规划评价方法文献列表

基于一致性的规划评价方法	基于绩效的规划评价方法
（Alterman，1978）土地利用规划实施	（van Damme 等，1997）提高土地利用规划的绩效
（Calkins，1979）规划检测	（Driessen，1997）郊区土地开发实施情况
（Talen，1996）规划实施成功的评价方法	（de Lange 等，1997）国家规划政策绩效
（Baer，1997）普遍适用的规划评价标准	（Mastop，1997）荷兰空间规划绩效评价
（Burby，2003）市民参与和政府行为	（Mastop 等，1997）战略规划评价：绩效原则
（Laurian 等，2004）规划实施评价	（Mastop 等，1997）空间规划绩效研究：发展状况
（Brody 等，2005）环境规划实施测试	（Needham 等，1997）提升绩效规划的战略方法
（Brody 等，2006）测算降低城市扩张政策的采用率	（Faludi，2000）空间规划绩效评估
（Chapin 等，2008）以地块为基础单位方式评价规划一致性	（Faludi，2003）欧洲空间发展规划评价

3. 理性评价与参与性评价

Khakee（1998）认为从理论和实践的角度来看，规划和评价是两个不可分割的概念，也就是说规划理论的转变会带动评价的主要功能和特征的转变。不仅Khakee，20世纪很多学者均提出规划评价范式从理性形式向参与形式转变（Innes，1995），但Alexander（2000）则提出没必要将理性规划评价和参与性规划评价进行对立，理性评价模型依旧有其优势。

理性评价方法：工具性、实质性、有界性、策略性、参与性。Alexander（2000）认为在实际操作中可以根据实际案例、情况和背景要求进行转换。

参与性评价方法：在人群选择上，根据评价者与规划团队成员的关系分为从属关系与外界关系两类评价者。从属关系的优点包括对规划情况、背景的掌握较为全面，降低了将规划作为对立面来看待的可能性；缺点是倾向于回避负面结果和易接受传统线路思想。外界关系的优点在于足够的客观性，短期评价雇佣；缺点则是镜像从属关系的优点，即缺乏足够的背景掌控，容易将规划对象看成评价的对立面，所以可以考虑两类评价者混合参与评价。

4. 实施前评价、实施进展评价和实施后评价

这一评价方法来自 Talen（1996）在前人基础上的总结。

（1）规划实施前的评价

评价备选方案，主要通过构建各类数学模型，包括土地使用、就业、住宅等方面，预测开发商或土地管理者将来的行为，推测备选方案的多方效用，评价它们可能形成的影响。

规划文本分析，即在详细评价规划模型的基础上，对规划文件的"话语"进行解构和分析，从而为实践行动提出建议。

（2）规划实践评价

研究规划行为，主要调查规划师"做了什么"和"如何做的"。通过对规划行为机制的研究，评价规划的实践。前者是检查规划师工作的政治社会环境，从而理解规划的运作；后者是基于对规划意识形态所塑造的历史过程的理解，评价规划效果，而不是规划编制过程中的成败。

规划影响描述，即通过案例研究和模型建立，对规划中物质空间内容及实施机

制展开广泛分析和预测评价。

（3）政策实施分析

政策实施分析，是分析探究政策颁布后的影响。这类分析通常关注的是政策本身的行政管理过程，以及这个过程是否产生偏差。目前，政策实施分析和正常制定程序评价已经从对程序结果的检视，发展到对整个实施步骤的解释。

（4）规划实施结果评价

非定量研究方法，一般是指定性的分析方法，即分析规划问题的本质属性，是整个分析过程中最基础性的部分。只有通过大量的定性分析，才能掌握规划实施和运作的规律，并在此基础上，做出对规划实施全面而正确的判断与分析。

定量研究方法，在对事物有了质的了解后，还须通过定量的分析获取更为准确而深刻的认知。定量分析规划实施结果就是通过选取一定数量的规划实施内容，引入相关模型，展开实证分析，从而获得规划实施结果的量化评价。

1.2.3　案例实践

随着全球城市化进程的不断推进和生态问题的日益严重，生态空间保护逐渐成为城市规划关注的问题之一。虽然世界上一些城市拥有较为健全的城市规划实施体系，但由于生态空间保护的规划手段和方法不同，缺乏一套生态空间规划实施的评价和检查标准，传统的评价方法存在效率低、准确性差、片面性等明显缺点。因此，南京林业大学学者从生态指标控制、空间形态演变、生态保护区控制和政策执行四个维度构建了生态空间规划实施评价框架。为验证该框架的可操作性，对北京、上海、广州这三个城市化进程较快的城市生态空间规划的实施情况进行分析和比较发现，广州实施绩效最好，其次是北京，二者差距不大，上海落后于前两者，差距较大。上述评价框架为生态空间规划的实施提供了一种多维度、综合性的评价方法，对世界范围内快速城市化地区的评价具有一定的借鉴意义。

规划实施评价主要用于城市总体规划领域和土地利用领域。基本的研究手段一方面是借助地理信息系统（GIS）和 Fragstats 工具，检查空间设施建设与原有规划的一致程度，Phama（2011）对 4 个大城市的城市规划与城市时空增长的关系进行比对分析，采用了空间基质计算方法相似邻近百分比指数（PLADJ，The percentage like of adjacency）和景观格局指数；另一方面是运用定性的分析方法，探讨规划中设定的政策目标实现与否、实现程度及内在原因（田莉 等，2008）。城市规划领域中的评价研究是对规划方案和决策技术手段的评价，评价研究主要针对规划方案特别是规划所安排内容的合理性，其中，以建立在 N. Lischfield 理论基础上的规划平衡表、W. Leontief 的投入 – 产出法，以及 M. Hill 的目标达成矩阵等为主要代表。随着 20 世纪 50 年代后系统方法在城市规划领域中运用的推进，以及应用经济学和政策科学的兴起，城市规划的评价实践得到了广泛的开展。此外，随着对"现代建筑运动"主导下的城市发展的批判，如亚历山大、雅各布斯等学者的不断涌现，在规划实施评价研究的过程中逐渐开始更加注重对规划实施过程及其效果的评价（李王鸣 等，2007）。田莉等（2008）提出了城市总体规划实施评价框架（图 1-6）。

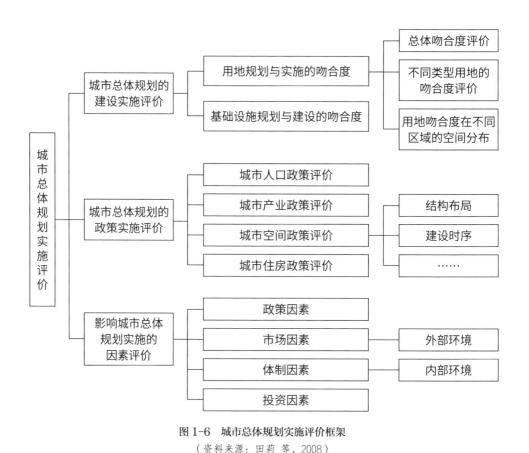

图 1-6 城市总体规划实施评价框架

（资料来源：田莉 等，2008）

Alterman 和 Hill（1978）的研究首次开启了定量分析规划实施结果的评价思路，即将土地利用规划和土地利用实际进行对比，运用空间叠加分析技术，得出规划实施的"一致性"和"不一致性"，并对影响规划实施效果的驱动因素，如政治因素等进行回顾和分析。

Calkin（1979）提出"规划监管体系"，该体系由一系列理性的规划程序，以及规划所支持的信息系统这两部分组成。这样一来，"规划监管体系"可以提供将来规划修改所需的大量信息，还可基于设定的目标和政策，用来评价规划作为开发控制手段的有效性。

Alexander 和 Faludi（1989）提出 PPIP（policy-plan/programme-implementation-process）规划评估模型，该模型中的规划实施评价包含对一致性、操作过程合理性、事先最优性、事后最优性，以及实用性 5 个方面的准则。与传统评价方法不同，该评估模型并未将一致性作为评价的唯一标准，实施结果与预先的规划设想不吻合并不意味着负面评价，需要其他的评价标准来加以补充。"一致性"是传统评价方法中常用的，用于评判实施结果与原有规划目标的吻合程度；实际和规划不一致并不能说明评价的结果是负面的，因为规划实施可以具有一定的灵活性，还需进一步检验不一致的原因，看决策者采取导致不一致的改变时具体情况如何。"操作过程合理性"指的是规划到决策过程的合理性，也就是说规划制定和决策过程均是完整的，比较规划实施的结果所用的数据和方法应该是一致的，受规划影响的相关利益者均参与了规划过程，并且规划成果反映了利益团体的诉求等。"事先最优性"是指当决策者在进行决策时，目标设定和手段之间的关系是否达到最优性；"事后最优性"是指规划设定的策略和行动实际是否达到了最优性；"实用性"是指制定的规划和政策是否有作为其行动纲要的依据。

专项规划实施评价方面，Talen（1996）对美国科罗拉多州中部城市普韦布洛市进行了公共交通设施分布规划评价，旨在通过多种定量分析方法进行实践性、有效性的规划实施结果评价。首先采用单变量线性分析的方法，对规划方案与 1900 年时的公共交通设施可达性进行关联比较；其次，采用双变量分析，对规划进展和实施结果间的变化关系进行评价；最后，运用回归分析，通过比较规划与现实的市民利用公共设施的可达性，展开多变量分析方法，评价公共交通设施规划最终的价值程度。

Laurian 等（2004）将规划评价的关键因素划定为四种：规划成果的质量、开发商规划质心的能力和诚信、规划管理机构实施规划的能力和承诺、开发商和规划管理机构之间的互动。这四种关键因素内又包括若干评价指标。Laurian 及其团队随机抽取了新西兰六个地方性规划中的 353 个规划案例，并对获得规划许可的开发商展开电话访谈和调查，进而对各规划案例实施综合程度进行打分。他们将打分结果作为因变量，四个关键因素内的评价指标作为自变量，经相关分析发现，规划的实施主要由规划管理机构的资源和规划成果的质量决定，而非开发商决定，因此其给予的结论是：应对规划编制和规划机构人员的能力培养进行长期投资，这将有助于提升规划实施的水平。

孙施文和邓永成（1997）以上海市 1980—1990 年作为研究时段，展开规划实施评价，其方法是从每一个调查抽样年度中选取 4 月和 12 月，对两个月份中所有被批准的项目进行调查和统计，再根据抽样中各类建设项目的性质，将全市地域的用地类型分为 5 类（郊区、毗邻区、市区、内城区和中心区），分别进行统计，调查规划用地和实际用地之间的差异，再通过对规划管理体制的评判，检讨规划在建设实施中的作用及其主要影响因素。

以上研究多是在一定时间范围内对比规划政策目标和实施实际结果的一致性，属于针对规划实施结果的时空静态评价方法。Brody 等（2006）采用地理信息系统空间聚类分析湿地开发与原有规划之间的吻合度，给出规划实施的时空动态变迁评价。针对佛罗里达州控制空间扩张规划也进行了一致性对比评价，通过分析抑制空间扩展的作用来选定评价指标。学者们主要回答了以下 3 个问题：湿地在过去 10 年里在哪些位置进行开发和如何开发的；湿地是否组团式地，在规划设计中为高密度开发的地区（属于一致），还是远远偏离了规划设计的位置（属于不一致）；原有规划的质量和内容是否与其实施类型相关联。

龙瀛等（2011）也提出了城市规划实施的时空动态评价，并以北京市 1958 年、1973 年、1982 年、1992 年和 2004 年五次城市总体规划为例，基于 Logistic 回归和地理信息系统时空动态变迁，进行规划实施评价的实证分析。龙瀛及其团队在考虑实施结果的同时更侧重的是对规划实施过程的评估，考虑城市扩展过程中城市规划控制空间的实施效果，具体将 1947—2008 年分为 5 个时间阶段，以规划执行的时间跨度为阶段划分原则，分析各阶段城市扩张的驱动力，识别历次城市总体规划在不同阶段所起到的促进城市扩张作用，并以2004版规划后至2008年为例，以各区（县）为单元，探讨2004版城市总体规划在近、远郊区和中心城区实施效果的空间变化，判别总规在城市扩张中的空间异质性，并给予了其相应的政策含义。

吴一洲等（2013）将系列分析方法集成于一个分析框架下，包含遥感解译、景观指数分析、规划控制效果指数分析和规划制定的逻辑评判等，对北京城市空间形态1978—2006年的时空演化特征、1958—2004年五版城市总体规划的控制效果，以及这五版总规制定的逻辑变化过程进行分析，运用溢出指数、年均溢出面积、多中心一致性指数、离心扩散指数、交通轴线引导指数、发展方向指数、跳跃发展指数、边界一致性指数等指标（表1-4），从规模决策、空间结构、城市功能定位、利益主体格局变化及开发模式等方面进一步探讨了五个时期导致规划控制绩效差异性的内在机理。

表 1-4　北京城市规划控制效果的测度指标

评估难度	指标	含义
空间规模控制效果	溢出指数	超出规划边界范围的城市建设用地面积与规划边界范围内城市建设用地面积的比值
	年均溢出面积	每年平均超出规划边界范围的城市建设用地面积
空间结构控制效果	多中心一致性指数	位于规划城市组团内的城市建设用地面积与该组团总城市建设用地面积的比值的平均值
	离心扩散指数	城市建设用地面积斑块距离总城市建设用地地理中心的平均距离与规划用地斑块距离总城市建设用地地理中心的距离之比
	交通轴线引导指数	城市建设用地斑块的地理中心距离规划主要道路的平均最短距离
空间形态控制效果	发展方向指数	城市总建设用地的地理中心与规划城市建设用地的地理中心的距离（附注偏离方位）
	跳跃发展指数	超出规划边界的城市建设用地斑块中心离规划边界的平均最短距离
	边界一致性指数	城市建设用地斑块与规划用地斑块公共相交线的长度占规划边界总长度的比例

资料来源：吴一洲 等，2013。

1.2.4 问题与小结

自 1980 年以来，从数量上可发现全球范围内均存在规划实施评价研究理论文献与实践的脱节。治水包括正式和非正式的规章结构，这些规章结构规范着行动者之间的相互依赖关系，并在几十年的时间尺度上缓慢变化，为治水和规划过程提供稳定性，但也有明显的惰性。首先很难保证有一个统一的范式来评价实施情况（Rossi 等，1999），其次是规划成功实施与否并未说明其好坏，甚至有学者提出：有高度一致性评价结果的规划却有很糟的绩效评价结果。Berke 等（2006）通过对比一致性评价和绩效评价的差异，反映如果实施评价仅采用一致性评价，规划及规划者在其中的决定权太大，影响程度亦较大，而采用绩效评价，规划和规划者的作用则微弱很多。以外，基于土地利用分析的城市规划实施评价较多，因其具有明确的土地斑块，方便对其统计和空间计算，且我国规划实施评价多以评价城市建设用地空间发展为特征。对涉水规划的内容机制和时空变迁分析则较少，国内外对于此方面的研究方法也较为缺乏，多以经验分析主观给予结论，如 Dyckman（2011）和 Freeman（2005）均指出，过多的权力机构直接共同管理某片水域，甚至还有更多潜在机构间接地管理水系统。破碎、分散的政策执法和实施机构环境带来涉水管理问题，而问题一直无法妥善解决，研究均表明这种情况会加剧水问题的矛盾。Dyckman 因此更倾向于基于流域系统的规划和管理，且提倡连接土地和涉水规划。Babbitt（2007）描述美国当时涉水管理状况就是遭遇"求发展的传统势力（如美国垦务局、美国陆军工程兵团等）和保持续的新势力（如美国环境保护署）的持续夹击"。考虑到政策有效性的瓶颈往往是实施而不是政策制定，规划者关注既定目标的实现与否，尽管政策执行的重要性显而易见，但在很大程度上缺乏对涉水规划实施有效性的系统性比较分析，特别是在实践操作层面（Pahl-Wostl 等，2012）。同时，时间受限迫使规划实践者忽略了已有的研究结论和对已实施类似项目的实施评价。进一步从已发表的相关论文中发现，基于一致性的实施评价较多（Carter 等，2014；Tian，2011；Zhong 等，2012；Feitelson 等，2017），基于绩效性的实施评价较少（Xu 等，2016；Khakee，2003），而且存在从理论到实践的缺口。在少量研究中，规划实施评价探索了对一致性和绩效性的综合利用的可能性（Alexander 等，1989），以及它们同时用于比较规划实施结果的应用（Altes, 2006; Berke 等, 2006）。Altes（2006）比较了一致性和绩效性方式，并以荷兰国家密集城市政策为例，结果表明，高的一致性可能会对应差的绩效。Berke 等（2006）也发现并证实新西兰规划实施在一致性和绩效性的共同评价层面是薄弱环节，如果仅从一致性评价实施，则规划职责部门和规划师对实施的成功有很重要的影响；若从绩效的角度评价，则规划和规划师的主宰力较小。因此，亟待在规划实施评价研究中综合一致性和绩效性评价实践。

规划实施后评估可以全面考量规划实施的结果和过程，有效地检测、监督规划管理的实施过程和实施效果（简逢敏, 2006）。土地利用规划中建设用地或城镇增长情况的评价和公共交通规划实施评价较多（刘俊娟, 2007; Feng, 2010; Pang, 2015），关于环境保护相关规划的实施评价的研究较少，但已有研究提出总体规划、发展管理政策的实施会重新塑造景观特征进而影响水资源等生态服务（Spurlock, 2019）。Laurian（2004）、Fu（2018）、Ma（2018）、Gałaś（2017）、Carter（2015）等针对湿地规划、生态城规划、矿床地质保护规划、自然保护区规划的实施进行了评价。绿地系统、绿地格局规划结果评价仅以景观感知（Dunning, 2017; Dupont 等, 2015）为研究途径，从生态效应的角度进行综合的涉水规划实施评价仍不足。

1.3　区域格局与生态过程研究及其生态服务效应

1.3.1　概念与理论

景观格局一般指空间格局，即景观的空间结构特征，指大小和形状不一的景观组成单元在空间上的排列与配置。生态过程是景观中生态系统内部和不同生态系统之间物质、能量、信息的流动和迁移转化的总称，强调事件或现象的发生、发展的动态特征（傅伯杰，2010）。景观格局与生态过程是不可分割的客观存在，因此，为了使问题简化，在具体区域层面研究中侧重景观格局及其动态的分析，在微观层面则侧重生态过程的深入探讨。二者相互作用，表现出一定的景观生态功能和服务效应（吕一河，2007）。关键科学问题"景观格局、生态过程和尺度"研究的进展，表现出从景观格局的简单量化描述逐渐过渡到以景观格局变化的定量识别为基础并进一步追溯格局变化的复杂驱动机制和综合评价格局发生变化后的生态效应。

人类活动生态体系是复杂和弹性系统的典型代表，景观生态效应基于景观生态学，注重景观空间异质性的维持和发展、生态系统间的相互作用、空间格局与生态过程的关系。生态规划等促进区域生态系统结构、功能及相关生态系统服务提供能力的各种管理和干预活动作用下的景观生态效应，已成为近年来生态和环境科学的热点（Boyer 等，2016，Borchard 等，2017，Wen 等，2017）。研究者基于景观生态效应，在对林地（Schmitz 等，1998）、牧场（Homewood，2004）、农牧交错带（石敏俊，2005）、海岸带（Anilkumar 等，2010）等具有典型生态意义的区域和耕地保护（朱红波，2007）、生态移民（芦清水，2009）、退耕还林（Feng，2017）等重要政策实践的研究中取得了丰硕的成果。土地整理的景观格局与生态效应的研究尺度比较单一：在空间尺度上多以水平方向为主，且集中于项目尺度，很少分析城市与区域尺度景观格局与生态过程研究，较少涉及大都市区等城市景观生态格局规划与政策实践的生态效应研究。然而，我国开展区域景观生态格局规划、绿色基础设施等相关实践已近 20 年，基于不同学者对北京、台州、威海、东营、菏泽、兰州、天津、广州、沈阳等城市生态安全格局的构建（Yu，2011），亟待探寻景观生态格局规划实践有效性的机制与方法，更为迫切的是对城市这一人类活动与生态体系交织极为复杂与密切的区域开展生态规划实践。

生态系统服务指生态系统与生态过程所形成及所维持的人类赖以生存的自然环境条件与效用，它不仅给人类提供生存必需的食物、医药及工农业生产的原料，而且维持了人类赖以生存和发展的生命支持系统（Daily，1997；欧阳志云 等，1999）。许多环境问题的产生源于忽视重要的生态系统服务的作用和过度开发这些生态服务，进而侵蚀了其他服务的功能基础，并可能产生新的环境危害。在联合国主持下进行的"千年生态系统评估"（The Millennium Ecosystem Assessment，简称MA）项目，首次由全球专家参与并评估了生态系统变化对人类福祉的影响（MA，2005a）。"千年生态系统评估"项目为加强生态系统的保护和可持续利用及其对人类福祉的贡献所需采取的行动奠定了科学基础。评估中主要发现：在过去的 50 年里，人类对生态系统的改变比人类历史上任何可比时期都要迅速和广泛，这主要是为了满足人类对食物、淡水、木材、纤维和燃料快速增长的需求；这些对生态系统造成的改变为人类福祉和经济发展提供了巨大的净收益，但这些收益是建立在不断退化的各类生态系统服务及其日益增长的成本基础之上的，且非线性变化的风险增加，部分人群贫困程度更加恶化；为扭转生态系统退化的状况，同时满足人类对生态系统服务日益增长的需求，目前尚未实施的政策、制度和实践亟待重大改变；如果加强一种生态系统服务的使用减少了另一种服务的提供，就会出现两种生态系统服务之间的权衡，则应通过多种自然做功的方式，减少负面权衡或提供与其他生态系统服务积极协同作用的方式来保护或增强特定的生态系统服务。"千年生态系统评估"提供了明确的证据，表明需要有政治意愿和规划行动来扭转未来令人震惊的退化趋势。

目前，越来越多的学者对从基于市场的角度解释生态系统服务概念或者将生态系统服务货币化和商品化这一趋势提出反对或者批评（Gómez-Baggethun 等，2011；彼得森 等，2010；Wegner 等，2011；Kosoy 等，2010；Norgaard，2010）。Gómez-Baggethun 等（2010）在阐述生态系统服务概念的历史过程中，展示了生态系统服务的含义在过去几十年里所发生的变化。它最初是由生态学家引入的，以引起人们对生态生命支持系统依赖的关注（Westman，1977；埃利希 等，1983）。Costanza 等（1997）

的开创性论文可以被视为货币估值的焦点转移的开始。Muradian 和 Rival（2012）指出了以市场为基础的政策工具在加强生态系统服务提供方面的局限性，特别突出了它们在处理复杂性和不确定性、服务之间的权衡和共同资源的特性方面的局限性。他们认为，混合制度（与纯市场或等级制度相比）更适合于解决由生态系统服务的特征带来的治理挑战。

在 2005 年之前，评估生态系统还缺乏一个关于如何对生态系统服务进行分类的总体商定框架。为此，作为概念框架的一部分，"千年生态系统评估"引入了一个目前广泛使用的生态系统服务类型，包括四类服务，分别是供给、调节、支持和文化服务。供给服务包括食物、饮用水和能源等供给；调节服务指的是那些不能直接感受到，因而经常被忽视的价值，如气候调节、废物分解、水和空气净化及病虫害控制等；支持服务，如养分传播和循环、种子传播和植被初级生产，为生态系统功能提供了基础；文化服务包括文化和精神上的启发、娱乐体验和有助于科学发现的过程。表 1-5 中列出了根据"千年生态系统评估"分类划分的重要淡水生态系统服务，其中，支持服务没有明确列出，因为它们构成了其他三个类别的基础，而不是对人类有直接好处的特定服务类别。

一般来说，供给服务受到了最高的关注，因为它们提供了直接的利益和市场可交易的商品。调节服务主要带来的是间接利益，没有真正的市场价值。生态系统服务可能具有公共产品或私人产品的性质，也可能具有集体产品或收费产品的性质，这取决于其排除的难易程度（Ostrom，2005）。典型的调节和文化服务具有公共产

表 1-5 重要淡水生态系统服务

共给服务	调节服务	文化服务
饮用水、家庭用水、农业和工业用水的消费用水	维持水质（自然过滤和水处理）	娱乐——体育活动
用于发电和运输/航行的非消耗性用水	通过缓冲洪峰流量，保水防汛	旅游——河流和野生动物观赏
用于食品和药品的水生生物	通过水/土地相互作用和防洪基础设施控制侵蚀	存在价值——个人满足，住房偏好
	地下水补给与排放	精神意义
		宗教仪式

资料来源：Aylward 等，2005；Russi 等，2013。

品的性质，具有较易的可排除性。如果需要设备和／或由于土地的私人所有权而限制进入，娱乐活动也可能具有私人或收费商品的性质。这些区别很重要，因为它们对生态系统服务的治理和管理，特别是权衡具有重要意义。此外，不同服务之间的还有着复杂的相互依赖关系。

1.3.2 分析方法

在水的规划和管理系统中，绝大多数的重点是供给服务，调节和支持服务及维持这些服务的要求在很长一段时间内基本上被忽视。供给服务，如灌溉用水供应，提供了最直接的社会经济效益。相应地，涉水规划和治理体系也从开发这些服务和保障其发展而来。无效的规划系统和对复杂水问题反馈的忽视往往导致对某些服务的无效使用和过度开发，进而损害生态系统的整体完整性，对人类福祉造成长期的消极后果。

供给和调节服务之间的权衡：粮食、纤维或生物燃料的生产依赖于淡水的供给。调节服务如水质净化、地下水回补、蓄滞等则可能会受到严重阻碍。调节服务的减少或淡水的污染不仅会影响农业灌溉，也可能对饮用水供应产生不利影响。服务之间的相互依赖通常是复杂的，并且存在于不同的空间和时间尺度上。负面影响只有在经过相当长的时间之后，以及与造成负面影响的活动在空间上错位之后才会察觉。

相互依赖关系：各生态系统服务类别之间的相互依赖关系可能会导致两种生态系统服务之间的不同权衡关系。基于 Elmqvist 等（2011）关于如何规划供给和调节生态系统服务之间的权衡，代表权衡的曲线的大小、形状和梯度可受治理和管理战略的影响。因此，定性地了解影响权衡曲线形状的这些因素可以指导制定更可持续和更综合的管理战略。鉴于人类、环境反馈的复杂性，很少发现生态系统、生态系统服务、人类福祉、人类反馈及对变化驱动因素的反馈之间的线性因果关系（Carpenter 等，2009；Pahl-Wostl，2007），这是制定适当涉水规划对策的一项挑战。考虑到淡水生态系统服务之间的权衡和协同作用的方法可以获得一个景观整体的视角。商品和服务的特性，特别是它们的相互依赖性，要求对生态功能及治理结构和决策过程有深刻的认识，不能孤立地看待水生和陆地生态系统、部门政策和区域政策。然而，更多地了解复杂的相互依赖关系，并不一定意味着不确定性将大为减少。涉水规划方面的应对措施必须足以考虑不确定性和突发事件。人们还必须意识到，关于复杂相互依赖关系的知识可能不是影响生态系统服务分配的政治限制因素。

我们应该将人与环境的相互作用概念化，从人与环境之间的权衡入手，克服人与自然的二分法。从人类与环境相互作用的历史来看，被人类视为有益或有害的相互作用，体现了在人类与自然关系中发挥作用的最重要的驱动力。因此，如图1-7所示的生态系统与社会系统界面示意图，可采用生态系统服务和环境危害的概念来解析人类与环境之间的相互作用。服务体现了生态系统作为人类活动不同类型服务的提供者的功能（如灌溉用水）。危害是指生态系统对社会系统造成的威胁（如洪水）。浅灰色的圆圈表示规划治理对社会系统产生的四种相互作用的影响潜力。

"服务"表示为人类提供益处，这些益处取决于社会对"服务"价值的评判，这些生态系统服务价值可以但不一定要用货币来表示。生态系统服务的相对重要性可能由文化和经济条件决定，而且可能因不同的社会群体而异。"服务"的使用一般与基础设施有关，例如灌溉技术影响水质和水量。"服务"质量好坏评判取决于它所产生的外部效应，即"服务"的使用方式所造成的直接利益的损害程度（例如，在修建灌溉渠道的过程中砍伐森林）。

"危害"是指对社会系统造成的损害。"危害"的相对重要性取决于其经济损害程度，并可能因不同的社会群体而有所不同。我们获取"服务"（如地下水供给）和治理"危害"（如防洪）都可能导致生态系统特性的变化（如洪泛区、生物多样性和生态过程变化），而这些变化又可能影响"服务"的供给和发生"危害"事件

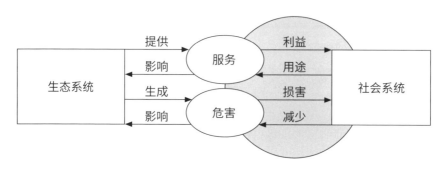

图1-7　生态系统与社会系统界面示意图

（资料来源：Pahl-Wostl 等，2010）

的可能性。这些反馈循环导致社会和生态组成部分之间的紧密耦合，所以有必要作为一个整体来分析涉水背景下的社会－生态系统（SES，包括所有的环境和人类组成部分）。例如传统的洪水控制就是一个从左到右正向反馈循环的例子，防洪增加了气候变化的脆弱性，并将社会－生态系统困在一个难以突破的负面循环中。为了减少洪水的危害，治河、修筑堤坝，导致了泛滥平原生物多样性的减少，以及洪泛区蓄水等服务益处的减少，自然缓冲能力进一步减少，增加的不透水地表导致高峰流量的增加。与此同时，更多的资产建设占据河漫滩上，在发生洪水的情况下，更有可能发生严重的洪水破坏，增加了加强防洪和修建更高堤坝的压力，这样的循环系统也容易受到气候变化的影响。由于路径依赖，极端洪水事件增加的敏感性较高，适应性减弱。这种路径依赖不仅表现在对持久基础设施的大规模投资上，也表现在与特定的洪水管理范式共同演化的整个治理结构上。因此，社会生态系统陷入了获取"服务"和治理"危害"的传统模式，几乎没有能力进行创新变化。这种发展可以归因于在规划和治理方面缺乏系统的视角，是由有限的理解或明确忽视了由战略考虑驱动的复杂相互依赖关系造成的。

1.3.3 案例实践

随着自然生态空间的缩小，碳储存、气候调节和节水等生态功能不断遭到破坏，制约了城市发展的可持续性。武汉大学学者以上海都市圈为案例研究区域，考虑到快速的城市化导致了景观破碎化、栖息地丧失和生态系统功能的破坏，生态网络构建作为有效的综合空间调控方案，在人类活动密集的地区恢复景观连通性和维持栖息地的连续性，可用于减轻快速城市化对生态系统的负面影响。基于网络理论和生态退化风险评估，开发了一种综合方法来识别生态环境的空间范围、内部缺陷和外部威胁，以确定生态环境的恢复和保护优先区域。该方法专注于在生态网络中恢复和保护最有价值的内容，以开展生态保护和恢复行动。在投资有限的情况下，这种方法可以通过将生态网络的实施规划集中在少数优先领域，尽可能保证生态网络的有效性和连通性。优先保护区域由陆地生态系统内 273.3 平方千米的片状生态斑块和 891.35 平方千米的水生生态系统生态廊道水道组成。这种方法试图通过关注恢复和保护的优先区域，为大都市地区生态网络的识别和实施提供空间参考。规划者和政府应通过有效的恢复和保护措施，如生态红线政策、生态农业和重新造林，将实施规划重点放在少数优先领域。

景观格局与生态过程在城市规划和研究中日益得到重视，以通过提供生态系统服务来增强城市的可持续性和韧性。Oorschot 等（2021）通过开发和提出一个明确的空间模型以告知城市规划者多功能涉水生态空间发展的优先领域。该模型包含一种基于涉水生态空间局部容量的新加权方案，以缓解水生态问题。模型应用到荷兰大都市区海牙市，使用了一组与生态服务相关的问题：空气污染、城市热岛效应和暴雨洪水。该模型通过多尺度空间分析得以实现，使我们能够充分详细地评估生态系统服务，同时匹配决策者和城市规划者对规模和生态系统服务指标的偏好。该方式在针对城市挑战，部署基于自然的解决方案方面取得了重要进展，以提高韧性和可持续性的需求。

Estoque 和 Murayama（2013）从景观格局与生态过程研究入手，分析菲律宾首都碧瑶市这一大都市区的社会生态系统的动态，以获得有意义的信息，用于规划其可持续发展，并利用遥感数据、地理信息系统技术、空间指标和社会经济信息来促进分析。过去 21 年碧瑶市快速城市化的空间和社会经济组成部分是导致当地自然景观发生巨大变化的主要因素，建成区面积增加了近三倍，而其他土地覆盖类别则受到损害。该大都市人口的快速增长已经超过了 2.5 万人的设计上限，至少是原来的 12 倍。这样的景观变化和人口增长导致碧瑶市全年生态系统服务价值大幅下降约60%。在同一时期，该城市的人口与社会经济价值的比率也有所下降，从 1988 年的1：31（美元／年）下降到 2009 年的仅 1：7。尽管碧瑶市在经济、政治和社会上享有一个多世纪的突出地位，但其人口的快速增长和城市的扩张正在对其自然景观造成压力，危及这一极具价值的山地的环境可持续性。这项研究为所有人，尤其是快速城市化地区的人们提供了重要的见解，碧瑶市的案例为实现更成功的景观和城市规划提供了宝贵的学习经验。

景观规划可以帮助创建保护生态系统的城市格局，从而支持生态系统提供所需的服务。虽然有许多方法可以使自然的价值进一步明确，但是需要新的工具来解释综合评估中大量的信息，以支持城市涉水规划。Grêt-Regamey 等（2016）提出了一种新的空间决策支持工具"大都市区可持续土地管理的潜在分配"（PALM），旨在支持大都市区的分配，基于地理信息系统的多准则决策分析方法将其集成到一个基于网络的平台中，允许根据生态系统服务和位置因素在选定的范围内分配所需数量的大都市区域。不同用户定义的场景的短运行时间允许以交互的方式探索决策之间的结果和权衡，因此使它成为支持参与式规划过程中的讨论的有用工具。学者们在瑞士的一个案例研究区域应用 PALM 工具，发现在分配城市扩展区域时，整合生态系统服务在城市外围特别有效，建设用地向城市中心转移，以确保城市周围的生产性景观（耕地）。

1.3.4　问题与小结

研究景观格局与生态过程的人为驱动力分析，以社会经济对景观格局与生态过程的影响较多，但连通规划实施到景观格局与生态过程的研究则较少，而事实上生态规划犹如城市规划影响城市化一般，对景观格局与生态过程的变化是存在影响的，相关分析中有多数研究其实涉及规划实施的作用，比如绿地类型和格局对生态过程的影响（Rui，2018），基于生态考量的空间规划对景观格局演变也是具有明显的引导作用的（陈利顶，2013），但其并未统筹到规划的层面，仅是对现状绿地进行了探究，未曾考虑形成绿地格局的规划所带来的影响和成效。同时对区域尺度的判别较少，综合统筹则更少。

尊重生态过程是生态规划的核心。过程产生格局，格局亦作用于过程，景观格局与生态过程关系密不可分。只关注景观格局的集合特征的分析和描述，与实际的生态过程联系起来的研究仍有不足。现有研究往往侧重于景观格局演变的量化分析和景观格局指数的计算，较少关注景观格局演变对生态环境及其区域生态安全的影响（陈利顶，2013）。尽管城市景观格局演变的生态环境影响从不同方面开展了大量的研究，但将所有生态环境效应综合在一起开展研究相对较少。

"大城市病"中的水问题时空变迁

北京地处海河流域，春季干旱多风，夏季高温多雨，秋季天高气爽，冬季寒冷晴燥。境内有永定、潮白、北运、大清、蓟运五大河系，共有支流100余条，长2700多千米。这些河流总的流向是自西北向东南，下游汇入永定河新河和海河，经天津市入海。1949年以来，北京经济和人口高速增长，城市快速扩张，北京中心建成区面积从1950年100.2平方千米发展到2020年1485平方千米，增加了近15倍。城镇人口也从1950年179.8万人增长到2020年2189.3万人（图2-1）。北京城市林地退化、湿地萎缩、河流干涸、地下水位下降，进而导致水源涵养、生物多样性保护、水土保持、防止地面沉降等生态系统服务功能严重退化。城区环境污染严重，热岛效应和城市内涝加剧，人居环境恶化。以水问题为核心的生态环境问题持续加剧，已成为北京市经济社会可持续发展的主要障碍之一。

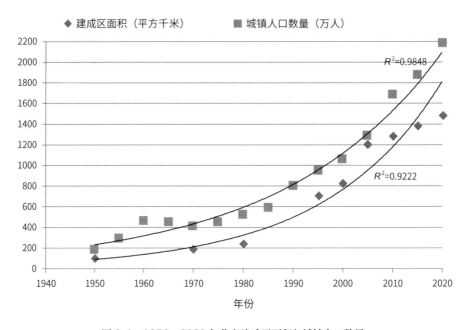

图 2-1　1950—2020 年北京建成区面积与城镇人口数量

2.1 水资源短缺时空变迁

水资源短缺有两种表现形式：一种是水量短缺，另一种是优质水短缺。自然过程和人类活动都可能导致水资源短缺。北京水资源短缺日趋突出，目前北京人均水资源占有量是世界人均水资源占有量的 1/30，属严重缺水的地区，且水污染和水土流失使之更为加剧，水资源紧缺问题严重制约着北京城市的可持续发展。

2.1.1 水资源逐渐供不应求

中华人民共和国成立之初，北京城市唯一地表水水源玉泉山，出水量呈现逐年锐减趋势（图 2-2）。供水能力始终赶不上用水量的需要，每到夏季，供水情况就非常紧张（北京市档案馆，1956）。玉泉山出水量出现四次断崖式减少，分别在 1960 年、1962 年、1971 年和 1973 年，到 1975 年几乎断流。

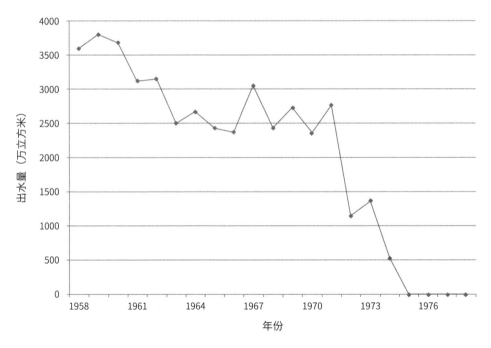

图 2-2 玉泉山出水量呈现逐年锐减趋势

（资料来源：北京市水务局，1999）

1. 水库供水逐年不足

欲解决初期缺水问题，1954 年于永定河之上修建官厅水库，但自修建伊始水库水位便不断下降，1958 年 10 月，水库存水 3.14 亿立方米，约为 1956 年以来历年同期存水量的 1/3。据档案显示，因估算 1959 年可用水量总共不过 4.1 亿立方米，官厅水库可用水量面临用完危险，北京市电厂、工业及 100 万亩（约 6.67 万公顷）农田用水面临严重威胁（北京市档案馆，1960）。1960 年旱灾，官厅水库在死水位以下，永定河引水量减少，因而赶修了密云水库与京密引水渠。但北京官厅和密云两大水源的水库年入境量仍呈指数减少（表 2-1）。

表 2-1　官厅水库、密云水库各年代流域年降雨量及入境量

年代	官厅水库		密云水库	
	流域年降雨量 / 毫米	年入境量 / 10^8 立方米	流域年降雨量 / 毫米	年入境量 / 10^8 立方米
1950s	477	20.30	701	29.92
1960s	417	13.21	484	11.13
1970s	426	8.31	514	12.78
1980s	404	5.61	462	5.96
1990s	415	4.04	503	7.49
2000s	375	1.50	467	2.80
2010s	557	1.13	635	2.94
2020s	456	2.75	612	1.97

资料来源：北京市地方志编纂委员会，2000；北京市水资源公报。

官厅水库的年入境量下降率达到 86.5%，从 20 世纪 50 年代年入境量 20.30 亿立方米，锐减至 2010 年 1.13 亿立方米，到 2020 年官厅水库年入境量 2.75 亿立方米（含引黄向官厅水库调水量），虽然比 2010—2019 年有所增加，但比多年平均值 8.66 亿立方米少 5.91 亿立方米。

密云水库的年入境量下降率则达到 93.4%，20 世纪 50 年代年入境量为 29.92 亿立方米，到 2020 年水库入境量仅为 1.97 亿立方米（含南水北调向密云水库调水量），比多年平均值 17.78 亿立方米少 15.81 亿立方米。

1957 年和 1965 年还分别建成了永定河引水渠、京密引水渠昆玉段，引永定

河、潮白河水进京，为城市河湖提供新水源。永定河引水渠与京密引水渠的引水量处于递减趋势，特别是永定河引水渠，官厅水库淤积严重，引水量下降程度达到90.9%，逐渐随官厅水库一起停止向北京供给饮用水（图2-3）。到2010年，因永定河治理部分恢复供水，承担着为高井热电厂和京能热电厂供水的任务。

京密引水渠的引水量于1994年开始逐年降低，自2005年起，京密引水渠的输水能力从每秒40立方米降低至每秒11立方米。在2007年前后甚至一度被迫停止向北京城区输水。

2. 地下水需求量扩大

为缓解地表水紧缺，自20世纪60年代北京地下水开采量迅速加大，直至1980年开采量从1961年的5.2亿立方米增加到了26亿立方米，增幅达到5倍（图2-4）。20世纪70年代开始，玉泉山出水下降更为剧烈，到1975年，水源枯竭的玉泉山已不再出水。伴随着1975年玉泉山泉水的消失与地下水超采问题的出现，水源不足问题从地表水扩展到了地下水。伴随水资源紧缺，工业、农业、生活用水量直到20世纪80年代初期，一直持续处于迅速增长的状态，特别是农业用水，从1959年开始，6.6亿立方米的用水量在一年内翻了一番，到20世纪80年代初，共翻了7倍，随后

图2-3　北京永定河引水渠（三家店）和京密引水渠（昆玉段）引水量变化情况

（资料来源：彭国用，2002）

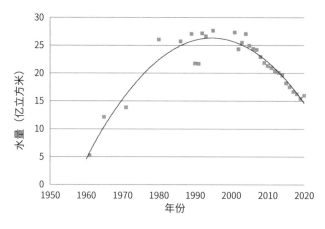

图 2-4 北京地下水开采量

才开始逐年下降。工业用水量从 1950 年的 0.09 亿立方米到 1957 年 1.36 亿立方米，随后出现较快增长，1959 年增加到了 8.35 亿立方米，并逐步增加到 1992 年的 15.51 亿立方米，才有所下降（图 2-5）。与此同时，地下水开采量在 1992 年到 2004 年达到峰值，10 年里开采量均在 27 亿立方米以上。自从 1999 年至 2007 年的长期干旱以来，北京的地下水已经基本耗尽，而用水量的增加又加剧了干旱的影响，2003—2018 年平均年用水量 36 亿立方米，其中 26 亿立方米为可再生水资源（即降水自然形成的地表水和地下水）。2005—2014 年南水北调开通以前，水资源供需缺口约 10 亿立方米，由地下水来弥补这一缺口，导致地下水位长期每年下降 17.5±0.8 毫米。2015 年后地下水开采量有所减少，到 2020 年开采量为 15.94 亿立方米。

3. 水资源逐步供不应求

20 世纪 80 年代后至今，常年水资源短缺与用水量加大，加之 1981 年以来的干旱情况，北京总用水量不断超过水资源总量（图 2-6）。水资源总量指降水形成的地表和地下水量，是当地自产水资源，不包括入境水量。1999 年，总用水量与水资源总量的差额最大，达到 27.49 亿立方米，到 2008 年差额有所减少，但水资源承载力问题与供需矛盾情况仍在加剧。

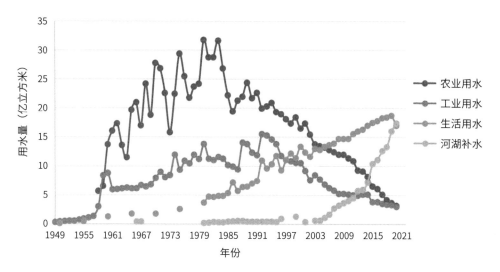

图 2-5 北京市用水情况

（注：农业用水指农田灌溉用水、林果地灌溉用水、草地灌溉用水和鱼塘补水，包括养殖业用水；工业用水指工矿企业在生产过程中，用于制造、加工、冷却、空调、净化、洗涤等方面的用水和工矿企业内部职工生活用水，不包括企业内部的重复利用水量；生活用水指城乡居民家庭日常生活及服务业用水；河湖补水指城市、农村范围的河湖补水，人工措施对湖泊、洼地、沼泽的补水）

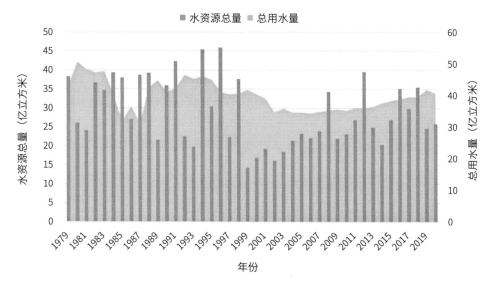

图 2-6 北京总用水量不断超过水资源总量

2.1.2 地表水径流减少或断流

1949 年以来，一方面，河流径流量受拦蓄等工程控制，且水库出库水量减少，河流水面面积减少。到 2020 年，流经北京地区的五大水系除拒马河尚无控制性水库外，其他河道均建有水库。北京地区已被控制的大小河流有 10 条：永定河（官厅水库）、潮白河（密云水库）、怀河（怀柔水库）、东沙河（十三陵水库）、沟河（海子水库）、雁溪河（北台上水库）、桃峪沟（桃峪口水库）、挟括河（天开水库）、白羊沟（王家园水库）、温榆河支流（沙峪口水库），可控制水量 31 亿立方米；未被控制的 5 条河，共 19 亿立方米，而实际可利用的径流目前主要靠水库调节部分，未被控制的 19 亿立方米中能利用的仅有不到 1 亿立方米。另一方面，北京整体入境水量（主要指永定河、潮白河、蓟运河、大清河入境水量）减少、地下水位下降、自然井泉逐渐消失，也为河湖补水、水面保持带来了负面效应。2011 年北京出现断流或季节性无水的河流就有 21 条，包括清水涧、永定河平原段、新华营河、天堂河、潮白河上段、潮白河下段、潮河库下段、怀河、箭杆河、城北减河、万泉河、小月河、永引上段、莲花河、新开渠、半壁店明渠、小清河、大石河上段、沟河库上段、沟河上段、泖河上段（傅微和李迪华，2012）。其中永定河、潮白河两大河流干涸现象是水资源短缺造成地表水径流减少、水面面积缩减的最明显体现。北京母亲河永定河断流至今已三十余年，永定河（三家店）径流量在 20 世纪 50 年代末以年均 0.25 亿立方米的速率减少至基本为零（图 2-7），永定河平原段多年持续干涸，河床裸露，风沙肆虐。潮白河断流 22 年，潮白河（苏庄水文站）年均径流量从 17.97 亿立方米至 20 世纪 80 年代后断流连续发生，年均径流量不足 2 亿立方米（图 2-8）。

2.1.3 地下水资源锐减时空变化

随着地下水开采量的增加，地下水水位逐年下降，地下水埋深逐年加大，地下形成的漏斗区逐年扩张，并造成愈来愈严峻的地面沉降。

1. 地下水埋深加大而回补率递减

地下水埋深指地下水埋藏深度，即从地面到地下水位的距离。北京地下水埋深由 1960 年仅 3.09 米，呈指数减少，到 2010 年达到 24.92 米，2015—2020 年，地下水水位连续 5 年回升，整体回升超 3 米（图 2-9）。理想自然情况下地下水位应是

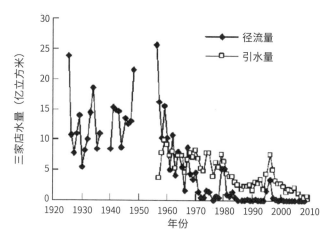

图 2-7　永定河（三家店）径流量与引水量变化趋势

（资料来源：于淼 等，2011）

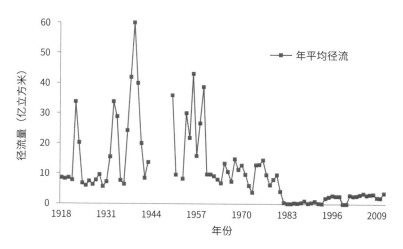

图 2-8　潮白河（苏庄水文站）径流量

（资料来源：北京市潮白河管理处，2004）

4 ～ 8 米。从图 2-10 中可以看到，深度小于 5 米的面积在 1947 年占比超过 60%，但到了 2010 年基本消失，取而代之的是深度超过 5 米的埋深面积。其中深度在 5 ～ 10 米和深度在 10 ～ 20 米的埋深面积范围在 1947—1984 年为增加趋势，但在 1984—2010 年，面积所占比例开始下降。深度在 20 ～ 30 米范围的面积从 1947 年的 3.8% 扩展到 2010 年接近一半的市区面积。地下水回补率从西北（0.40 ～ 1.44 米 / 年）向东南（0.07 ～ 0.48 米 / 年）递减（Zhai 等，2013）。地下水库损失量 1981—2008

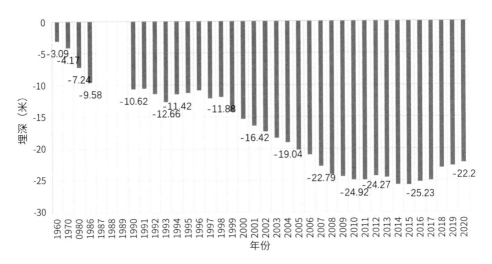

图 2-9　1960—2020 年地下水年平均埋深变化情况

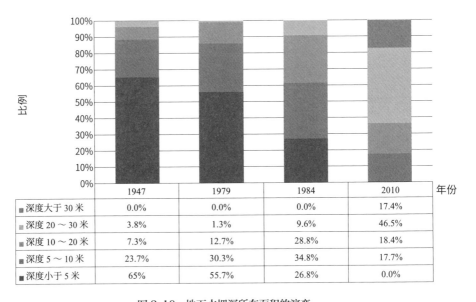

	1947	1979	1984	2010
■ 深度大于 30 米	0.0%	0.0%	0.0%	17.4%
■ 深度 20～30 米	3.8%	1.3%	9.6%	46.5%
■ 深度 10～20 米	7.3%	12.7%	28.8%	18.4%
■ 深度 5～10 米	23.7%	30.3%	34.8%	17.7%
■ 深度小于 5 米	65%	55.7%	26.8%	0.0%

图 2-10　地下水埋深所在面积的演变

（注：1947 年、1979 年、1984 年数据来源于 Sternfeld（1997），2010 年数据来源于《北京水资源公报》）

年为 30 亿立方米，1962—2008 年损失量为 41 亿立方米。也就是说平均地下水水位下降的速度 1962—1981 年为每年 0.30 米，每年下降 0.58 亿立方米，1981—2008 年下降速度为每年 0.57 米，每年下降 1.11 亿立方米。

2. 地下水超采

在地表水严重不足的情况下，地下水资源是北京工业、农业、生活用水的主要供水资源。北京市地下水开采量1990年为23.1亿立方米，2000年为1949—2013年来开采量的峰值，达27.2亿立方米，10年内增加了17.7%。到2013年，北京已连续15年地下水超采。多年来过量的地下水开采，使得北京市各区地下水开采量都已超过其允许开发量。全市大都市区地下水严重超采区面积为3312平方千米，主要分布于城八区，占全市大都市区总面积的51%，超采区面积为1743平方千米，未超采区面积仅为1473平方千米（图2-11）。

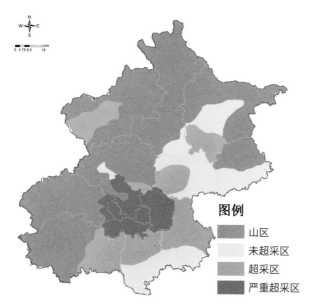

图2-11 北京市地下水超采分布图

（资料来源：北京环保局，2015）

3. 地下水漏斗及沉降面积加深加大

地下水漏斗区存在不均衡的时空分布，其季节性和年际均有差异。主要分布从朝阳区逐渐扩散并集中在昌平区南沙河附近、顺义区南部、朝阳区大部分及通州区北部（图2-12）。主要的地下水漏斗形成期早于1975年，加速传播率为每年12.5～34平方千米，2001年地下水漏斗覆盖面积达到1000平方千米，2003—2006年平均漏斗下降率为每年2.66米，最高下降率为每年3.82米。

图 2-12　地下水漏斗区变化图

图例
市域边界
全市区县边界
1975年
1985年
1996年
2001年

北京市大都市区地面沉降范围和幅度逐年扩大，形成东郊大郊亭、朝阳来广营、昌平沙河至东三旗、顺义平各庄、大兴庞各庄等多个地面沉降中心区，年沉降率超过30毫米的地区面积达到1637.29平方千米且呈现向东的趋势。其中：①东郊东八里庄至大郊亭1955—1966年沉降近58毫米，年沉降率为4.8毫米，20世纪80年代大量郊区开采地下水，加快了累积沉降，1999—2005年沉降达到了392毫米，年沉降率上升至56.3毫米，累积沉降达到750毫米；②朝阳区来广营附近形成最大累积沉降，其变化趋势为先增后平稳，沉降率变化随增加而加速，随平稳而减速，1999年后又因干旱而趋于加快；③昌平区沙河–八仙庄累积沉降1086毫米。三个地区下降趋势分别是每年66.3毫米、37毫米和28毫米（Chen等，2011）。

2.2　水污染时空变迁

2.2.1　废污水排放量逐年加大

北京水体污染危害严重，除供水河道情况较好，河流基本呈现有水皆污的局面。废污水排放口增加，1955 年，由城市下水道排出的污水总量为 1.35 m³/s，约占 1955 年用水量 2.29 m³/s 的 59%。主要的排污河道包括东北护城河、南护城河、前三门护城河、通惠河、清河、坝河和凉水河，这些河道废污水排放出口数达 403 个。平均日污水量最多的河道是前三门护城河（0.240 立方米）、通惠河（0.245 立方米）、凉水河（0.280 立方米）及东北护城河（0.157 立方米）。资料显示，1999 年主要排污河道扩大为清河、小月河、土城沟、坝河、亮马河、长河、北护城河、京引昆玉段、永引渠、新开渠、凉水河、莲花河、通惠河及南护城河（北京市水务局，1999）。随之扩展的还有排污口的数量，城区排污河道污水口数量扩展了 3 倍有余，达 1294 个。新开渠排污口分布数量为每千米 27.21 个，为排污口数量最多的排污河道，其次是莲花河、通惠河、土城沟和凉水河，均超过每千米 10 个。排污河道中生活污水超过 1000 万吨的河流为通惠河（0.91 亿吨）、南护城河（0.12 亿吨）、新开渠（0.46 亿吨）、凉水河（上段 0.12 亿吨）、清河（0.74 亿吨）、万泉河（0.46 亿吨）、坝河（0.11 亿吨）及丰草河（0.26 亿吨）。

1949—2020 年全市废污水排放量基本呈线性增长趋势。从 1949 年的 0.051 亿立方米逐年增长，年平均增长量为 0.231 亿立方米，其中 1970—1980 年增长较快，2005—2019 年增长迅速，2020 年全年废污水排放量有所减少，全市污水排放总量为 20.42 亿立方米，减少趋势并不明显，污废水排放量将持续成为影响北京水污染的主要问题之一（图 2-13）。

2.2.2　水质污染逐渐复杂化

1949 年初期，河湖垃圾淤积，主要受生活污水的影响，地下水水源污染主要受排出粪便和污水的渗水井影响，污染类型相对简单。1955 年，对主要纳污河道展开水污染测取，前三门护城河水质最差，南护城河、前三门护城河、东北护城河、通惠河、

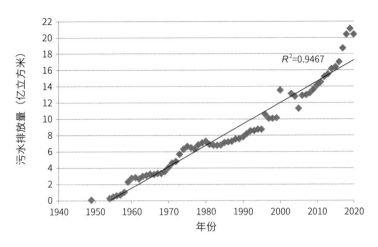

图 2-13　1949—2020 年北京污废水排放量（单位：亿立方米）

凉水河地区沿河居民已根本不饮用河水，而是利用河水、河泥灌溉和作肥料用，河中鱼已绝迹。但南沙河、清河、温榆河等郊区河道情况，据从小在周边生活的老人回忆，"20 世纪 50 年代水很清澈，可以下水游泳，水面也比现在宽"。1955 年北京市内还分布着近 3 万个渗水井，有的水源井就在渗水井的包围中，或是在其下方，这些渗水井的污水长期渗入地下，影响了地下水的水质和地下水硬度，市区内禄米仓补压井水的硬度已从 10 度增加到 35 度，不得不停止使用，水源二厂 13 号井水的硬度从 1953 年到 1954 年一年间就增加了 5 度。

20 世纪 70 年代，城市地表水体水质测量结果显示，出现严重污染的河道有通惠河下段、凉水河中下段、新开渠，重度污染的河道包括北运河、清河、坝河、通惠河上段、北护城河、莲花河、凉水河上段及港沟河，城区湖泊水体也呈现污染情况。同时地下水源污染严峻，包括排污河流对地下水的污染、渗坑污染、未经处理的废水进行灌溉污染、井壁渗漏和渗井污染，以及废渣废气处理不当造成的地下水污染（杨本津，1973）（图 2-14）。地下水硬度主要出现在城市西部工业区新开渠、莲花河两岸。南护城河两岸地下水硬度也有明显分布。20 世纪 80 年代，城市水质测量数据表明，河湖水系水污染情况明显加重，南沙河、东沙河、温榆河原本测量属清洁或轻度污染类型的河道转为重度污染，北运河、坝河、凉水河上段、凤河、凤港减河、港沟河也从重度污染转为严重污染类型。地下水硬度范围也逐步向东部和南部扩张（图 2-15）。

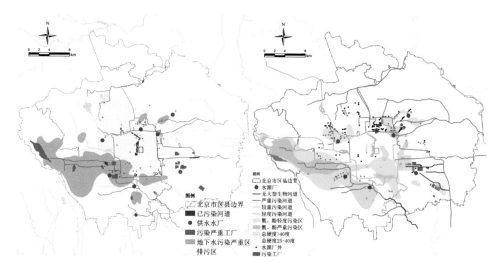

图 2-14　1973 年北京城区污染情况　　　图 2-15　1982 年北京城区污染情况

（资料来源：北京市规划委员会，1982）

20 世纪 90 年代，北京地表水系中北运河水系河流达标长度仅占 10% 左右，其中新开渠、莲花河、丰草河、小龙河、凉水河全段、通惠北干渠、西排干渠、凤河、港沟河及北运河主干河流水质生化需氧量（BOD）、化学需氧量（COD）、氮氧超标率达 100%，新开渠和莲花河更是各项指标均超标。此外，潮白河水系达标河段长度比例为 40%。该时段湖泊水库方面，达标湖泊的比例仅为 10%，以陶然亭、龙潭、红领巾湖最为严重，为劣 V 类水，达标水库的比例也不到 70%。地下水硬度范围主要往西南方向扩大（图 2-16），1999 年地下水质量测量中，42.86% 的测量点水质为 IV 类水，19.05% 的测量点地下水总硬度超标，包括通州区南小营、丰台区菜户营和刘庄子、石景山区西黄村、朝阳区垡头、大兴区高米店及昌平区七间房。

21 世纪以来，水质监测标准调整，监测范围有所加大，监测总河长为 2545.6 千米、监测湖泊面积达到 719.6 公顷，监测大中型水库 18 座。湖泊方面，如图 2-17 所示，21 个监测湖泊中达标湖泊的比例在 2000—2008 年逐渐上升到 90.97%，2008—2013 年达标湖泊面积逐年下降到 60.26%，2014 年后监测湖泊达标水质面积有所回升，2018 年达标面积占监测湖泊面积的比例为 96.11%。此类变化主要是 IV—V 类水质湖泊面积的增减所致，劣 V 类水质湖泊面积基本呈减少趋势，到 2015 年后基本清零。水库达标库容百分比则变化不明显，维持在 66% 左右。

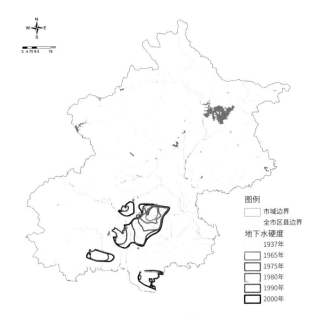

图 2-16　地下水硬度超标面积变迁

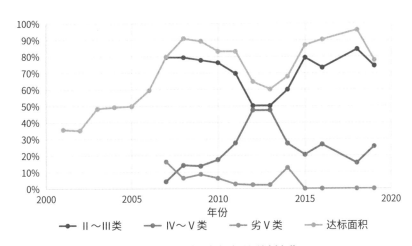

图 2-17　监测湖泊水质面积比例变化

根据 2006—2009 年的水质评价，水质符合Ⅱ—Ⅲ类水质的浅层地下水和深层地下水分布面积均处于减少趋势。浅层地下水是埋藏相对较浅、由潜水及与当地潜水具有较密切水力联系的弱承压水组成的地下水，北京地区一般指地下水埋藏深度小于 150 米的第四系孔隙水。深层地下水指深层承压水，是埋藏相对较深、与当地浅层地下水没有直接水力联系的地下水。深层承压水分层发育，潜水以下各含水层组的深层承压水依次称为第2、3、4含水层组深层承压水，其中第2含水层组深层承压水不包括弱承压水。在北京地区，深层地下水一般指地下水埋藏深度大于150米的第四系孔隙水。符合Ⅳ—Ⅴ类水质的浅层地下水和深层地下水分布面积均呈现增长趋势；相对于深层地下水，浅层地下水的变化趋势更为明显，脆弱性更大（图2-18）。2010年至今地下水水质符合Ⅱ—Ⅲ类水质的浅层和深层地下水分布面积均处于增长趋势，符合Ⅳ—Ⅴ类水质的浅层和深层地下水分布面积均呈现减少趋势，水质有所好转。

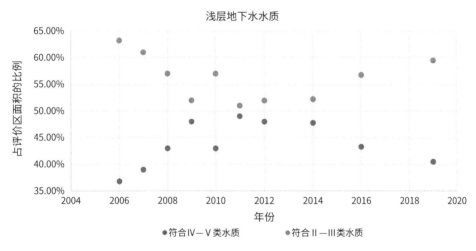

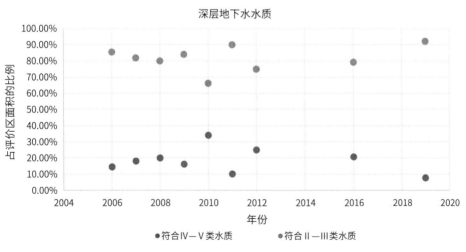

图2-18　地下水分布面积变化

在地表河流监测无水河段长度逐年降低（图 2-19）的趋势下，水质Ⅱ类河段的长度基本呈波动增长的趋势，主要的增长时段为 2006—2008 年和 2016—2018 年。2018 年Ⅱ类河段的长度达到 1142 千米，占实际监测河段比例为 47.6%，占比接近一半，但河段主要位于延庆、密云和怀柔等山区地带。

Ⅲ类河段主要分布于北京远郊地区，2006—2007 年长度增长了 84.1 千米，但 2007—2010 年缩短了 132.2 千米，2010—2013 年，Ⅲ类河段的长度处于数据年份的低点，2014—2020 年，该类河段长度逐年增加到 524.8 千米，占实际监测河段比例为 22.5%。自此Ⅱ类和Ⅲ类河段所占实际监测河段的比例共计 70.1%，河流水质有所提升。

Ⅳ类河段长度 2009—2018 年基本波动范围在 27.7 ～ 143.5 千米之间，所占实际监测河段比例在 1.8% ～ 6.9% 之间波动，增幅不显著；2019 该类河段长度比 2018 年增长了 3 倍，所占比例为历年最高，达到 18.0%。

Ⅴ类河段长度呈波动上升的趋势，平均值为 72.7 千米，所占比例基本低于 6%。2018 年该类河段长度大幅增至 400.2 千米，占实际监测河段比例为 16.7%，但在 2019 年后其所占比例又回落至 5.4%。

劣Ⅴ类河段长度变化跨度较大，2006—2009 年，劣Ⅴ类河段监测长度从 577.7 千米增至 1064.7 千米，2010—2016 年该类河段监测长度基本维持在 900 千米左右，北运河水系近 30 条河渠均处于劣Ⅴ类水质或无水状态，房山区大清河水系 10 条河道中，除拒马河外均为劣Ⅴ类水质。但 2018 年后，劣Ⅴ类河段长度明显减少，到 2019 年该类河段监测长度为 208.2 千米，比 2006 年减少了 64.0%。劣Ⅴ类河段长度所占监测河段长度比例在 2006—2016 年基本波动于 38.0% ～ 45.8% 之间，但 2018 年和 2019 年所占比例分别下降至 16.3% 和 8.9%。

总体上，从图 2-20 可以发现，2018 年后不同类别河段分布比例有较大的变化。Ⅱ类河段虽呈波动增长的趋势，但所占监测河段比例变化不明显；Ⅲ类河段自 2018 年后比例提升；Ⅳ类河段于 2019 年比例明显增加；Ⅴ类河段 2018 年比例显著增长而后于 2019 年回落；劣Ⅴ类河段长度及比例自 2009 年后开始逐年减少。

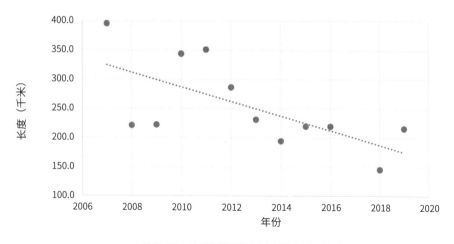

图 2-19　地表河流监测无水河段长度逐年降低

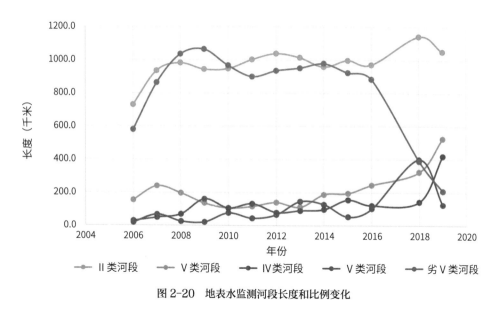

图 2-20　地表水监测河段长度和比例变化

2.2.3　水污染事故类型特征

由于水务突发事件种类多且对社会秩序、城市功能、环境与资源均会造成不同程度的破坏，水污染事故主要是档案记载的直接污染情况，工业污染、灌溉污染和地下饮用水污染所占比例位列前三（表 2-2）。按发生年代分，20 世纪 80 年代为水污染事故发生最多的阶段，共有 46 起，接近总事故数的 55%；20 世纪 90 年代水污染事故发生了 19 起，占到了将近 23% 的比例（表 2-3）。按区县分，丰台区与昌平

表 2-2　北京水污染事故类型

污染类型	次数	污染类型	次数
工业污染	25	生活污染	3
灌溉污染	19	机场污染	1
地下饮用水污染	9	垃圾污染	1
地表饮用水污染	4	医疗污染	1
水面起火	4	总计	67

表 2-3　北京各年代水污染事故次数

年代	次数
1960s	1
1970s	4
1980s	46
1990s	19
2000s	11
2010s	3

区发生较少，各为 4 起；房山区最多，共达 14 起，其中灌溉污染 6 起、工业污染 4 起；朝阳区共发生 6 起，其中水面起火事故占 3 起；通州区共发生 8 起，均为灌溉污染事故；海淀区共发生 7 起，其中工业、生活污染各 2 起，垃圾、地下饮用水及灌溉污染各 1 起；延庆县发生 7 起，以地下饮用水污染事故为主；门头沟区发生 7 起，以工业污染事故为主；平谷县发生 10 起，其中工业污染事故发生比例超 80%（北京市潮白河管理处，2004；平谷区水务局，2002；大兴区水务局，2003；门头沟区水务局，2003；密云县 [1] 水务局，2003；安德富，2004；昌平区水务局，2004；段炼，2004；通州区水务局，2004；延庆区水务局，2002）。

---

[1] 密云县，今密云区。

2.3　洪涝灾害风险

2.3.1　洪涝灾害面积与分布

1949—2020 年，北京地区不同时期洪涝灾害面积呈递减的趋势。1949—1958 年受灾最重，年年受灾，受灾面积比例达 66%，较大的洪涝灾害年份为 1956 年、1959 年、1963 年（图 2-21）、1964 年、1976 年、1994 年、2012 年。以北京各水系洪涝受灾面积分，北运河受灾面积最大，累计受灾面积达 56%；以行政区划分，大兴和通州两地受灾最重，两县累计受灾面积约占全市的 51%。

具体时空序列分布情况如下：1949 年灾情以永定河、潮白河、北运河及其支流出险和溃决为主，温榆河、清河、北小河、永定河普遍漫溢，死伤 8 人。1959 年灾情，208 处积水，大部分河道溃决。1963 年灾情共造成 35 人死亡，温榆河干流与支流都出现较大洪峰流量，河道漫溢决口，各支流因沥水和干流洪水顶托普遍漫溢，清河、坝河、小中河决口淹地，沥水无法排除，大石河与拒马河一带洪水围困也相当严重。1976 年灾情，死亡达 105 人，暴雨所笼罩的河流均出现特大洪峰，潮河、白河、安达木河等洪水漫坝溃决。1994 年灾情造成 8 人死亡，洪水来势凶猛，平谷、顺义两县境内的平原河道多处漫溢。2012 年灾情死亡人数达 79 人，经济损失 116.4 亿元，除拒马河发生决堤外，城区内涝严重，道路多处积水。可以发现，暴雨内涝现象逐渐占据了灾害地位。

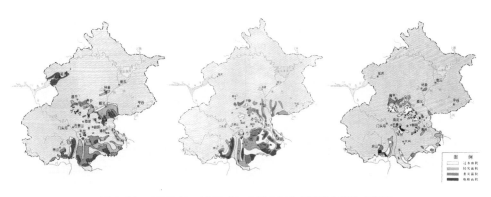

图 2-21　1956 年、1959 年、1963 年北京洪涝灾害分布情况
（资料来源：钱登高，1999）

2.3.2 城市内涝灾害风险加大

从产流过程上看，北京城市下渗能力不断变差，造成更多的地表径流。1959年北京城区内建筑及道路等不透水面积占建成区面积的比例为61%，到1990年不透水面积为425.26平方千米，占比约77%。2006年，继续上升至1058.15平方千米，占比增加到80.29%，2010年不透水面面积攀升到了1286.89平方千米，但比例稍有回降。经计算，北京城市地面径流量逐渐增大，且有显著的增长趋势，1985年径流量为45.6毫米，1993年达到47.9毫米，2001年为49.9毫米，而2010年为51.2毫米，涨幅达到12.2%。与此同时，降雨下渗能力减弱，研究发现，反映流域下渗特征的CN值在1985年、1993年、2001年及2010年的数值呈现上升趋势，从77.28上升到80.16。

排水管网如同城市的"静脉"，北京大都市区南部及东南部河网密度较大，河网密度为高值区（≥ 0.80 km/km²），北京城市副中心通州是北京水系最丰富、河网最密集的区域，河网密度达1.2 km/km²，易形成积涝风险。从汇流过程上看，北京城市地表径流通过不断增长的排水管网汇集到清河、坝河、凉水河及通惠河四大流域河道，暴雨汇流的水力效率增加，河道洪峰流量增大但河网密度变化不明显，尤其是2006年之后，内涝风险升高（图2-22）。20世纪80年代以前，北京城市洪

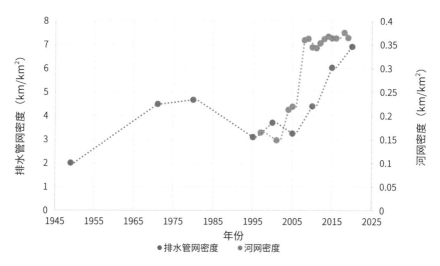

图 2-22　1949—2020年北京河网密度与排水管网密度

(排水管网密度指城市一定区域内排水管道分布的疏密程度，一般以城市排水管道总长与建成区面积的比值计算)

涝灾害为河道型洪水灾害与城市内涝并存，洪水灾害基于降雨量分布的情况，以片区的形式分布在郊区主要河道，城市内涝则以胡同旧沟为分布区域。随后城市水灾以内涝形式表现得更为明显，特别是近20年，道路与桥区成为城市中新的汇水中心（表2-4）。2000年以后，80%以上的积水点分布于道路、桥区（赵晶，2012）。积水点分布也呈现更为密集的情况，2012年全市积水点达85个，最深处达6米，引起广泛关注。积水点数量逐年增加，到2020年，积水点达211个，其中，重度积水点15个，中度积水点28个，轻度积水点85个。

表 2-4 北京城区主要暴雨及洪涝灾害事件（1949—2020年）

时间	暴雨洪涝灾害概况
1952 年 7 月 21 日	城区海淀暴雨，最大日降雨量 263 毫米（三家店），冲毁耕地 891 亩，房屋 464 间，煤矿采空区塌陷 72 处
1956 年 7 月 29 日—8 月 6 日	全市普降暴雨，受涝面积 264 万亩，房屋倒塌 1.6 万间，死亡 11 人
1959 年 8 月 6 日	全市普降暴雨，城区街道积水严重，房屋倒塌 4.2 万间，死亡 43 人
1963 年 8 月上旬	最大 24 小时降雨量 464 毫米，市灾区积水面积 133 平方千米，积水深 1.5～100.0 厘米，全市死亡 35 人
1972 年 7 月 26—28 日	全市普降暴雨，7 月 28 日下午东直门降雨量 261.1 毫米，全市死亡 39 人，东城区房屋倒塌 400 余间
1986 年 6 月 26—27 日	全市普降暴雨，城区日雨量 152 毫米。市内多条公交线路受阻，69 条长途线路停运
2004 年 7 月 10 日	最大 10 分钟降雨量 22 毫米，最大 1 小时降雨量 90 毫米（莲花桥段），城区 41 处严重积水，其中 8 处为立交桥，城西环线交通中断，90 处地下空间进水
2006 年 7 月 31 日	首都机场天竺地区 1 小时降雨量 115 毫米，高速迎宾桥下积水 80 厘米，机场高速断路 3 小时
2007 年 8 月 1 日	北三环安华桥一带 1 小时降雨量 91 毫米，最大积水深度 2 米，北三环双向交通中断
2011 年 6 月 23 日	城区平均降雨量 73 毫米，累计过程最大点降雨量为 215 毫米，全市 29 处桥区道路积水，800 多辆汽车淹水
2012 年 7 月 21 日	全市平均降雨量 170 毫米，城区平均降雨量 215 毫米，受灾 160 万人，经济损失 116.2 亿元，死亡 79 人，房屋倒塌 1 万余间，主要积水路段 63 处，受灾面积 1.6 万平方千米，成灾面积 1.4 万平方千米
2016 年 7 月 20 日	降雨总量大，持续时间长，全市平均降雨量 212.6 毫米，城区降雨量 274 毫米
2021 年 6 月 1 日—9 月 30 日	共出现降雨 79 场，平均雨量达大雨及以上量级降雨 10 场，全市平均降水量 792.6 毫米，较常年同期 425.7 毫米和近十年同期偏多九成和七成，累计降雨量为 60 年以来最多，2 人死亡

2.4　水足迹和水问题演变特征

　　水足迹是指在日常生活中公众消费产品及服务过程所耗费的淡水，包括直接和间接使用的水资源（Hoekstra 等，2002）。水足迹可分为三种类型：蓝水是指淡水湖、河流和地下蓄水层中的水；绿水是指降水中既不是地表径流也不补给地下水，而是储存在土壤中供植物生长使用的部分（Falkenmark，1995）；灰水是指污染的水（Hoekstra 等，2011）。蓝水和绿水足迹指的是在公众消费产品及服务过程中消耗的蓝绿水的量；灰水足迹是稀释污染物达到水质标准所需的淡水量（Hoekstra 等，2011）。

　　通过蓝水及资源型缺水指数（I_{blue}）、灰水及水质型缺水指数（I_{grey}）表征北京水足迹 I。公式可以表示为：

$$I = I_{blue} + I_{grey} \tag{2-1}$$

　　I_{blue} 表示资源型缺水指数，为某一特定区域在一定时期内的用水量（W，单位：$m^3/$ 年）与水资源（Q，单位：$m^3/$ 年）之比。该指标相当于 Alcamo 等人提出的临界比方法，鉴于其广泛应用，故将其作为水量短缺的指标。计算公式如下：

$$I_{blue} = W/Q \tag{2-2}$$

　　当某一区域的 I_{blue} 值大于 0.4 时，说明该区域为严重缺水区。

　　I_{grey} 表示水质型缺水指数，是量化污染引起的水资源短缺的指标。其定义为某一特定区域在一定时期内灰水足迹（G，单位：$m^3/$ 年）与水资源（Q，单位：$m^3/$ 年）之比。计算公式如下：

$$I_{grey} = G/Q \tag{2-3}$$

　　当 I_{grey} 超过 1，则淡水可用量不足以稀释被污染的水（Hoekstra 等，2011）。因此，I_{grey} 的阈值为 1，表示污染引起的水资源短缺的严重程度。为了量化公式中的变量，需要估计 W、G 和 Q 三个变量。W 和 Q 在统计中是可公开获取的。关于 G 值，Hoekstra 等（2011）将其定义为根据自然背景浓度（C_{nat}，单位：mg /L）和现有环境水质标准（C_{max}，单位：mg /L）同化污染物负荷所需的淡水量（L，单位：kg / 年），公式如下：

$$G = \frac{L}{C_{\max} - C_{\mathrm{nat}}} \qquad (2\text{-}4)$$

在非点源污染（特别是农业活动）的情况下，例如使用化肥或农药，G 的值确定为：

$$G = \frac{\alpha A}{C_{\max} - C_{\mathrm{nat}}} \qquad (2\text{-}5)$$

其中 α 是浸出径流的比例，定义为应用化学物质趋近淡水水体的比例。A 是指在土壤上或土壤中施用的化学物质（单位：kg/ 年）。

在 G 值的核算方面，将其分为农业、工业和生活三个方面，计算了其所在区域的临界污染物的 G 值。基于排放污染物量（BEPB，2009）和北京市排放源统计，氨氮（N）作为农业部门的主要关键污染物，化学需氧量（COD）排放情况作为工业和生活废水的主要关键污染物。利用公式（2-4）可以计算出工业（G_{i}）和生活（G_{d}）废水的 G 值，利用公式（2-5）可以计算出农业氨氮排放（G_{a}）的 G 值。因为氨氮和化学需氧量是两种不同的污染物，水可以同时稀释它们，所以没有取不同污染物估算的 G 值的总和，而是取它们的最大值：

$$G = \max\ (G_{\mathrm{a}}, G_{\mathrm{i}} + G_{\mathrm{d}}) \qquad (2\text{-}6)$$

I_{g} 表示地下水短缺指数，为了研究地下水超采利用对北京水问题的影响，采用类似 I_{blue} 的指数。通过将地下水采出量除以地下水资源来确定地下水短缺指数（I_{g}），即地下水安全出水量或自然补给水量。与 I_{blue} 相似，继续使用 0.4 作为地下水短缺的阈值。

累积超过 I_{grey} 的值定义为 A_{grey}，即超过的 I_{grey} 定义为 I_{grey} 值与水质型短缺阈值 1 的差值。公式如下：

$$A_{\mathrm{grey}} = \int\ (I_{\mathrm{grey}} - 1)\ \mathrm{d}t \qquad (2\text{-}7)$$

当 A_{grey} 大于 0 时，表示水体中存在污染物的积累，超过了可稀释的水平。如果 A_{grey} 逐年增加，说明水体中积累的污染物越来越多，无法稀释，导致水体恶化。

所有输入的数据和结果都以年平均值为基础。在市级层面，1979—2020 年的 Q 和 W 数据、地下水资源和采出量、地下水位数据来源于《北京市水资源公报》。生活和工业废水的化学需氧量、农业氨氮数据取自《北京市排放源统计年报》。

当在市政和流域水平上计算灰水足迹时，水质分为 5 个等级，其中Ⅲ级为适宜鱼类、水产养殖和游泳的水质。我国最常用的水质指标之一是水质标准低于Ⅲ级的河流长度所占的比例（R），水质标准低于Ⅲ级即为水质较差。在大都市区选择地表水Ⅲ级作为水质标准来量化 G 值。根据水质标准，化学需氧量的最高浓度（C_{max}）为 20 mg /L，氨氮的最高浓度（C_{max}）为 10 mg /L。Hoekstra 等（2011）提出如数据缺乏可假设化学需氧量和氨氮的 C_{nat} 均为 0。华北平原的平均浸出径流量为 7.4%（Ju等，2009），选择 7.4% 作为北京氨氮的浸出径流量。

2.4.1 蓝水与资源型缺水指数 I_{blue}

受限于统计数据，I_{blue} 的计算年份从 1979 年到 2020 年（图 2-23）。I_{blue} 值在超过 40 年的时间里，均高于阈值 0.4，水量一直处于短缺的状态；短缺状态最严重的阶段为 1999 年，其值为 2.93，表明水量严重不足；随后 10 年，从 1999 年到 2008年北京奥运会时期，I_{blue} 值持续降低，降至 1.03，减少了 71.0%，表明资源型缺水有所缓解；2009 年到 2020 年 I_{blue} 处于波动状态。2020 年，I_{blue} 值是 1.58，W 的体积大于 Q，I_{blue} 值仍远远高于阈值 0.4，资源型缺水情况严峻。

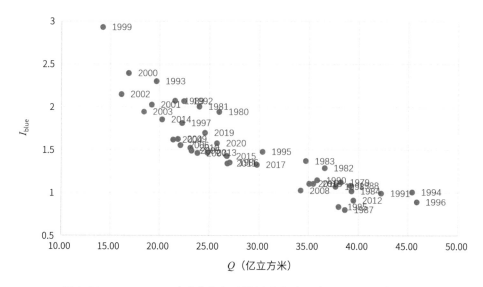

图 2-23　1979—2020 年北京市资源型缺水指数（I_{blue}）与水资源量（Q）对比

2.4.2　灰水与水质型缺水指数 I_{grey}

灰水的统计年份从 1995 年到 2020 年（图 2-24）。I_{grey} 值自 1999 年后呈下降趋势，资源型和水质型水资源短缺均有所缓解。到 2008 年 I_{grey} 值减少了 75.3%，到 2020 年减少了 86.5%。I_{grey} 值在 2018—2020 年连续三年低于 1 的阈值，说明污染导致的水资源短缺有所缓解，但仍处于水质短缺的阈值边缘。

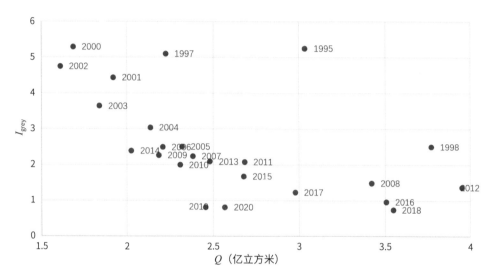

图 2-24　1995—2020 年北京市水质型缺水指数（I_{grey}）与水资源量（Q）对比

2.4.3　地下水短缺指数 I_g

I_g 值与北京地下水位的下降有明显对应关系（图 2-25），较高的 I_g 值如 1999 年时，地下水位出现急剧下降，地下水短缺指数急剧上升。因此，I_g 值可作为地下水利用可持续性的指标，其高值表明北京地下水的可持续利用仍是一个巨大的挑战。

虽然北京的 I_{grey} 值逐渐下降，水质Ⅲ级以下的河段所占比例（定义为 R 值）呈上升趋势（图 2-26），水质恶化似乎与水质型缺水指数（I_{grey}）的下降相冲突。2000—2010 年定量分析水质Ⅲ级以下的河段所占比例（R 值）与水质型缺水指数累积值（A_{grey}）之间有很强的相关性，在 99.99% 的显著性水平。水质型缺水指数（I_{grey}）高表示严重的污染引起的水资源短缺和水环境退化，如果水污染物不能被完全稀释，则水质型缺水指数累积值（A_{grey}）呈现逐年增加，导致水体恶化。

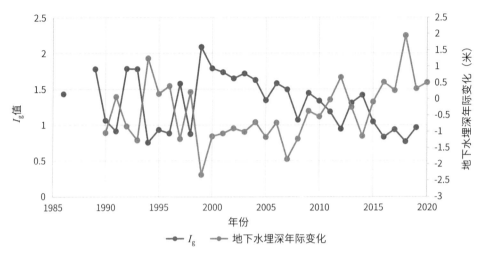

图 2-25　地下水短缺指数（I_g）与地下水位下降的对应关系

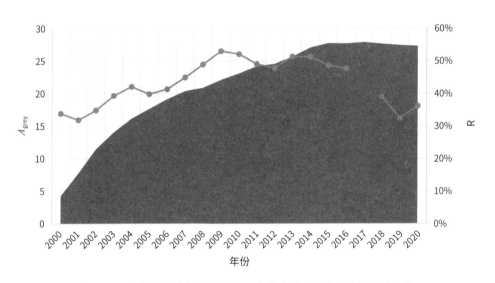

图 2-26　水质型缺水指数累积值（A_{grey}）和水质Ⅲ级以下的河段所占比例

2.5 北京水问题的特征

总体而言，北京目前所面临的水危机，已经从局部区域问题扩大到流域性和全局性问题，已然从单一问题逐渐演变为复合性问题，且每一个问题均表现出高度的复杂性，特别是水紧缺、水污染和水生态问题，其严重程度已不亚于洪涝灾害，导致生态失去平衡，出现河湖萎缩、湿地干涸、地面沉降、植被退化、生物多样性降低等一系列生态问题。国际公认的流域水资源利用率警戒线为30%～40%，而北京所处海河流域内，大部分河流的水资源利用率均远远超过该警戒线。1999年，北京水资源利用率达到最大值293.3%（图2-27），已经严重处于"不堪重负"的状态，洪水调蓄能力、污染物净化能力、水生生物的生产能力等不断下降（仇保兴，2005）。

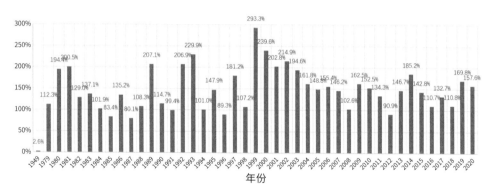

图 2-27　1949—2020 年水资源利用率

（资料来源：作者整理）

1. 局部向流域性扩张的特征

水问题的面状特性愈来愈明显，已有局部河段发展到全流域，由下游扩散到中上游，由城市蔓延到农村，由地表侵入地下（夏军 等，2004）。图2-28～图2-33展现了综合前述近60年北京水问题的时空分布与变迁，紫红色系代表地表水问题，蓝绿色系代表地下水问题。可以看出，地下水面状问题的不断扩张接近整个北京平原地区。无论从缺水范围、地下水漏斗面积，还是从地表水与地下水水污染区域面积，抑或从河湖萎缩情况与地面沉降面积，均可看出北京的缺水问题、水污染问题及水生态问题均存在自中心向外、呈面状扩张的态势。唯有洪涝灾害问题呈从京郊向中心城区内涝转移的趋势。

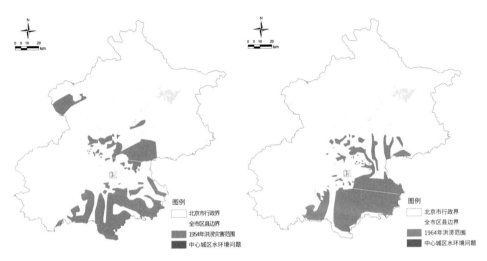

图 2-28　20 世纪 50 年代北京水问题时空分布　　　图 2-29　20 世纪 60 年代北京水问题时空分布

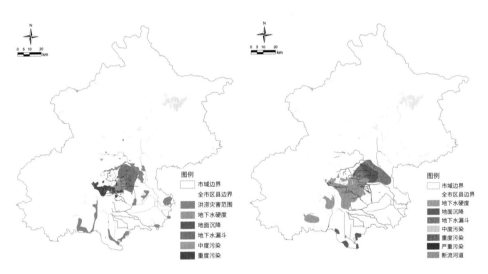

图 2-30　20 世纪 70 年代北京水问题时空分布　　　图 2-31　20 世纪 80 年代北京水问题时空分布

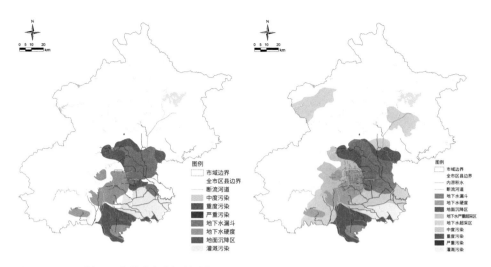

图 2-32 20 世纪 90 年代北京水问题时空分布　　　　图 2-33 21 世纪初北京水问题时空分布

2. 单一向复合性演变的特征

20 世纪 50 年代仅以水环境污染和行洪排水为主要的水问题；60 年代出现以防洪、供水为主的水问题；70 年代河湖萎缩明显，地下水硬化、地下水漏斗、地表水污染与洪涝排水问题并存；80 年代水短缺、水污染和水生态问题的严重性已经不亚于洪涝灾害，水污染事故频发，水生态问题的出现是前期多种水问题等综合的结果。90 年代，地表水点源与面源污染，河流断流，水体景观破碎化，地下水问题如地下水漏斗、地下水硬度、地面沉降等面积快速扩大，水文、生态、水环境问题相互影响；2000 年后，形成了北京最大规模的"资源危机"和"生态赤字"，水问题日趋突出，水资源整体态势异常严峻，表现为相互交织的多重危机。从图 2-28 ～图 2-33 北京水问题空间的叠加情况亦可看出，水问题从单一问题演变为复合性问题。水危机表面看似是资源危机，实质是水规划危机，亟须引起重视。

3

大都市区涉水规划内容分析
及时空演变

这一章以水问题为导向，系统分析北京市 1949—2020 年城市涉水规划实施的内容和空间结构的演变特征，形成基于机制分析的涉水规划实施与水问题的关联分析结果，总结其与水问题时空变迁的交互与耦合关系（图 3-1），探索未来水规划如何扭转现今负面影响，给予中国其他城市涉水规划的反思途径。

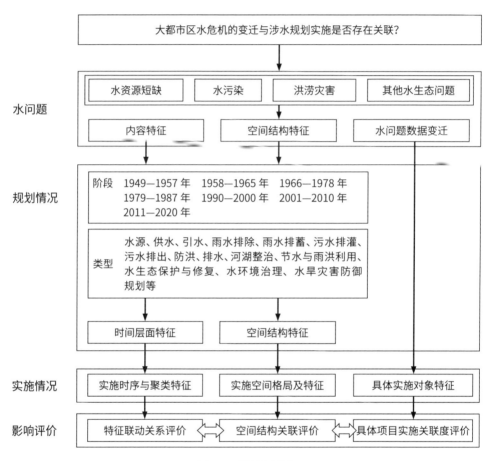

图 3-1　框架分析图

3.1　大都市区涉水规划内容时间层面特征

内容分析法（Content Analysis）：根据定性分析中的数据来源，运用 Nvivo 软件及统计学方法对规划与实施内容具体类目和分析单元出现的频数进行计量，用数字或图表的方式表述内容分析的结果，从而对结果进行机理分析。

3.1.1　规划类型体系特征

根据文献档案资料和王亚华等（2013）水利发展阶段划分理论框架，综合北京社会经济发展水平、水问题关注导向和城市总体规划制定时期，将北京涉水规划发展阶段划分为 7 个时期：水环境整修恢复与水利初步建设时期（1949—1957 年）、大规模水利建设和调整规划时期（1958—1965 年）、水污染重视与水系填垫时期（1966—1978 年）、水资源供需矛盾调整时期（1979—1989 年）、河渠综合治理时期（1990—2000 年）、资源水利治水调整时期（2001—2010 年）、蓝绿交织与水城共融建设时期（2011—2020 年）。

定性分析得出的 7 个涉水规划阶段中，各阶段对不同涉水规划类型的名称划分也有所差异。规划类型的划分程度，1958—1965 年、2001—2010 年两个阶段的规划类型分类较为详尽，但两者之间在所强调的规划类型重点和实施重点上并不一致，前者更注重工程水利方面的大规模应用，后者则对资源水利较为看重，详细规划类型数目则呈越分越细的趋势。规划类型中的规划措施有所重合，特别是雨水排除规划中河渠排水内容与河湖整治中河道整治的内涵，以及污水排除规划和河湖整治中污水截流方面的内容，说明规划越分越细的背后是否妥当，值得质疑。2011—2020 年阶段虽然规划类型较 2001—2010 年有所减少，但规划类型有所整合，从类型名称也能看出对水生态、水资源、水源地、水环境保护及节水和雨洪利用的重视。

此外，从规划类型的用词方面也可发现所在时段针对水问题的解决思想与态度的变迁：1949—1957 年，将"雨""污"作为综合体予以考虑，称其时段的规划为"雨污排放规划"；将"河湖"与"绿地"作为整体进行规划，并涵盖对防洪、排水途径的规划内容。1958—1965 年，将郊区与市区分开对待，"雨""污"开始分开处理，改为将"污"与"灌"结合、"雨"与"蓄"结合。1966—1978 年，总的规划类型仅两个主题方面，一是关注水源污染，这与当时发生的水源水厂污染事件有直接影响，因此将水源污染摆在较高地位，与污水规划作为整体展开规划。1979—1989 年，将郊区防洪排水与市区河湖系统合并，并从"河湖系统"改为"河湖整治"，这一时期将河湖从一个兼具防洪、排水、游憩、蓄水等功能的系统，转变成按照水源河道、排水河道和风景观赏河道等功能类型划分的形制。污水方面也不再提"污灌"，取而代之的是"污水排除与处理"。1990—2000 年取代"雨水排蓄"为"雨水排除"，雨水作为可蓄水资源的思想不再凸显。2001—2010 年，水源引水规划被取缔，新加入了水生态系统规划、水资源规划、再生水利用规划，一定程度上体现了谋求资源配置、再利用与社会经济协调发展的思想。2011—2020 年逐步实现系统治理，系统考虑水资源开发利用与节约保护、防洪减灾与水生态修复、污水处理与再生水利用，逐步由强调水务服务保障功能向突出水务引导约束功能转变；由强调水资源开源节流并重向全面落实"节水优先"理念转变；由强调工程治理向注重系统治理和水源涵养保护转变；由重视城市供排水管理向城乡供排水统筹兼管并重转变；由粗放式管理向规范化、精细化和智能化管理转变；由水安全区域化管理向流域化管理转变。

3.1.2 规划拟解决的问题变迁

北京涉水规划试图解决的问题，或称规划目标，通过提取文献中的关键词，定量手段采取内容分析法，定性手段则以关键词的提及判别水规划内容上的一致性、矛盾性和变化程度。

根据内容分析统计，各阶段规划内容所描述的规划目标，增长最明显、提及次数最多的是排水问题（表3-1）；其次是对水污染问题的重视程度很高，1966—1978 年占规划试图解决问题总数的 54.05%；供水问题在整体上提及次数也较多，特别在研究阶段的早期和中后期，即 1949—1957 年（占 37.50%）和 20 世纪 80 年代以后。但早期是以饮用自来水困难和恢复生产所需水源来源问题为导向，而 20 世纪 80 年代后所提及的则以用水已超过地区可用水量的尖锐矛盾为主，从由需求开发利用水的供水问题转为水资源承载力不足的缺水供应问题。对水生态问题的重视自 1979—1989 年开始逐步增加，特别是 2011—2020 年，重点解决水资源短缺、水环境恶化、河水断流、地下水超采等突出问题，水生态问题的提及频次开始高于排水和防洪问题的提及频次。

突发紧急灾害事件会纳入规划内容，从量化数据变化上反映出来：如1958—1965年，防洪问题有所增加，原因与"海河南系特大洪水"事件相关联，1966—1978年，污染问题提及频次占据56.8%的比例，原因在于出现"水源厂井水"和"污水灌溉"的明显污染事件。该阶段市区污水量增加，1972年，市区的污水量由1954年的0.77 m³/s增加到15.2 m³/s（其中工业废水占62.8%），大部分未经处理的城市生活污水和工业废水排入河道，对市区地下水和地面水造成严重污染，市区范围内已有160平方千米的地下水含毒量超过饮用水卫生标准。1972年5月高峰用水时，南郊水源七厂因出厂水臭，被迫停止供水。水源四厂的15眼水源井中，氰化物含量超饮用标准的已有6眼。水源三厂和西郊地区部分水源井水质也在迅速恶化，污染范围逐年扩大。市区河道普遍受到污染，如莲花河、凉水河、清河、万泉河等，河水气味恶臭，水色多变，严重影响环境卫生。由于通惠河水的污染已影响东郊热电厂等工业用水，被迫加大官厅水库放水，将污水冲下，且污水灌溉缺乏合理布局和科学管理，造成危害，如在水源三厂、四厂、七厂及其他水源井上游发展污水灌渠，已严重污染地下水源，污水水质情况不明，致使农业受灾。

问题沿袭状态明显。通过内容关键词比较，各规划所提及的试图解决的问题中，供水问题对"工业用水""供水不足"基本均有提及；污染方面，"河流污染"与"水源污染""污水满流"持续出现；排水方面，"缺乏疏浚""排水能力低""积水""设施落后""明沟"，以及1966年后几个阶段连续出现的"填垫"影响，这些关键词的路径描述的依赖性明显；防洪方面，"永定河官厅山峡洪水"基本贯穿整个研究

表3-1　1949—2020年7个阶段北京涉水规划试图解决的问题类型比例

年份阶段	1949—1957	1958—1965	1966—1978	1979—1989	1990—2000	2001—2010	2011—2020
供水问题	37.50%	12.50%	9.01%	27.03%	22.22%	24.00%	28.89%
排水问题	25.00%	50.00%	27.03%	54.05%	44.44%	40.00%	15.72%
污染问题	25.00%	0.00%	54.05%	10.81%	22.22%	20.00%	25.31%
防洪问题	12.50%	37.50%	9.01%	5.41%	5.56%	4.00%	12.00%
生态问题	0.00%	0.00%	0.90%	2.70%	5.56%	12.00%	18.10%

时间阶段。这些描述表明，这些问题在长达 60 年的时间里不但没有解决，而且更加复杂地影响着北京的水危机和社会经济生活。

但是，在上述问题沿袭的状态下，1990 年后，一些之前未曾提及试图解决的方面在该时期予以提及，1990—2000 年包含供水问题中地下水位、备用水源和官厅水库严重衰竭问题的加入；排水问题中蓄排水问题和城乡排水矛盾的首次提及，但整体体现得并不明显。2001—2010 年，"雨洪利用""初期雨水污染""立交桥积水""河床硬化""河湖补水""地表水与地下水交换不畅"6 个具有水资源、水环境、水生态、水灾害相互关联特征的问题相继被提出。

值得说明的是，选择规划拟解决的问题作为统计对象而非对规划对策内容进行统计的原因在于：一方面规划措施对于不同的规划类型会有属于各自特征的多与少，比如相比防洪排水、雨水排除规划内容的措施而言，水源供水的内容在对象上就稍受限；另一方面，涉水规划类型本身存在相互关联，是决策者、执行者为了方便分工而人为分割的，规划对策在不同类型的规划内容中会有所重合。综其上述两点，选择规划拟解决的问题作为内容分析对象，更能看出规划者本身对于水问题的认知和侧重，也是决定其后实施成果的关键之一。

3.1.3 规划对策呈路径依赖性和脆弱性

纵观历史，人类社会一直受到干旱的严重影响。各种古代文明的崩溃，如玛雅文明，被认为是长期的干旱造成的。个人、社区和社会主要通过开采地下水、修建水坝和扩大地表水储存和转移基础设施来应对和适应干旱，这些措施旨在稳定供水。因此，在世界上许多地区，水文情势已变得高度人为化，而低流量条件会受到气候和人为因素的影响，如水库管理。在过去的 100 年中，大型水坝和水库的数量和总库容迅速增加。世界上一半以上的水库是为生活、工业和农业用水而设计和管理的。这些水库在水量过剩时储存水，以应付水量不足或需水量增加的时期。其他水坝和水库提供不同的服务，如防洪和水力发电。干旱的发生会引起可用水的暂时减少，当可用的水不能满足水的需求时，往往会导致水资源短缺。社会对水资源短缺的反应可能会导致一系列连锁反应。图 3-2 的蓝色环路显示了一种传统的路径依赖式反馈模式，即扩大水库蓄水以应对水资源短缺。基于水长期规划方面的传统方法，往

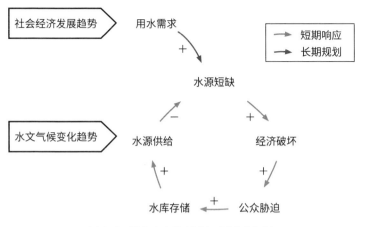

图 3-2　扩大水库蓄水以应对水资源短缺

往强调变化的外部驱动因素（黑框箭头）的作用：影响需水的社会经济发展趋势和影响供水的水文气候变化趋势。更具体地说，水资源短缺造成的经济损失会引发规划采取行动的压力，导致不断扩建水库以增加水资源供应。这种方式倾向于降低水资源短缺的频率、严重程度和持续时间，是供水和用水短缺之间的负反馈。

　　因规划试图解决的问题中具有该特征，沿袭至规划措施也同样存在。北京也存在典型的"水库效应"（Di Baldassarre，2018），严重依赖水库可能会降低人类社会对干旱事件的长期恢复能力，并加剧缺水（图 3-3）。水库效应是指过度依赖水基础设施增加了脆弱性，从而增加了水资源短缺造成的潜在损害。水库效应是与供水扩张有关的长期动态，遵循怀特的堤防效应（Di Baldassarre，2017）。水库的建设降低了在其他层面（如个人、社区）采取适应性行为的动机，从而增加了严重干旱期间水资源短缺的负面影响。在图 3-3（红色环）中显示，在水库的支持下，长期的丰富供水产生了对水基础设施的日益依赖，从而在最终出现水资源短缺时增加了脆弱性和经济损失。

　　供需循环是指增加供水使农业、工业或城市扩张，导致水资源竞争加剧，从而仅考虑社会经济趋势，导致水需求高于预期（图 3-3，橘色正反馈回路）。供需周期可以被解释为一种反弹效应或杰文斯悖论，这在经济学中是众所周知的，意味着随着可用性的增加，消费趋于增加。这种反弹效应在水资源管理和规划中已经考虑了，但主要涉及灌溉效率。图 3-3 的橘色循环显示，在缺水的情况下，反弹效应可能产

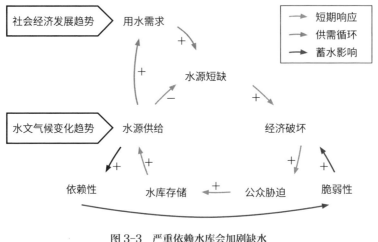

图 3-3　严重依赖水库会加剧缺水

生自我强化（正）反馈。新的水资源短缺的发生可以通过进一步扩大水库储存来解决，不得不再次增加供水。因此，供需循环可能会触发加速螺旋式增长的意外效应，导致不可持续的水资源开发和环境退化。

城区雨水排除规划和郊区防洪排水规划措施这一依赖性特征表现也较为明显（表3-2），城区旧沟改造、明沟改暗沟、新修雨水管道，郊区疏浚、开挖是惯用和主导手法。污水排除规划也较为明显，下水道清污分流建设、"谁污染谁治理"原则的工业废水达标处理、城市污水处理厂等措施贯穿整个研究阶段，虽然污水灌溉也贯穿始终，但污水从直接浇灌逐步转向处理后灌溉，逐渐提出避开地下水防护和井群防护区。1966—1978 年对水污染的重视较高，因污染恶化明显，这一时期也短暂地制定过引污导污的做法，紧急避免污水影响天津城市。水环境治理在于减少河流与湖泊的污染负荷，水生态修复的重点在于水生植被与物种的恢复。排水对策研究也只关注管网的问题，但是事故的原因不光是管网的问题，2011—2020 年时段提出排水系统和传统的河道防洪系统中少一个"防涝系统"环节。具体来说，一旦雨大了，排不了的雨水要通过一些路面或者利用绿地，下渗到绿地里面，进入河边的调蓄区内。这一时段最大的亮点就是"蓄"的设施规划。一种叫"雨水调蓄区"，街上积水了，边上找一个绿地蓄上。还有就是河道里的水太多了，往下游走，下游接不住了，在河边弄一个大的"蓄洪区"。

表 3-2 城区雨水排除规划和郊区防洪排水规划措施的依赖性情况

规划年份	规划当时所提及的问题	城区规划措施	城郊规划措施
1958—1965	旧沟排水不够，郊区明沟太浅，河道洪水位高，影响排水，地形问题	疏浚加宽河道，多蓄多排；修建雨水管道；利用集团之间绿地中的明沟排除雨水；竖向规划，减少低洼	开挖和疏浚；20 世纪 60 年代，开挖 2 条，疏浚 13 条排水河道；20 世纪 70 年代，开挖 9 条，总长 400 千米，动土方 3283 万立方米
1979—1989	设施不配套，郊区房屋密度增加但仍明沟排水，雨水管排水能力低，地形低洼问题	旧沟改造；明沟改暗沟；增加绿地面积；新区建设雨水管道设施；改建填高地面，减少低洼	疏浚；对 7 条河道进行了疏挖清淤，总长 59.39 千米，动土方 183.44 万立方米
1990—2000	设施不配套，明沟排水，排水能力低，低洼区域问题，蓄排水问题	平衡城乡排水矛盾；明沟改暗沟；旧沟改造；新区配套建设雨水管道系统	疏浚，修建农田排水渠道；疏浚 23 条河道，总长 360.5 千米，动土方 1935.8 万立方米
2001—2010	旧沟老化，立交桥积水，中心城区边缘区排水设施落后，初期雨水污染河道，雨洪利用得不到推广，排水能力低，蓄、排水矛盾	旧沟改造；新城雨水系统；绿地竖向变化推广雨洪利用；截留初期雨水	变新城的地方建雨水系统；疏浚
2011—2020	城市排水系统不完善；城市建设硬化面积加大导致径流系数增加，加大了城市排水压力，造成城市积水时有发生；海绵城市建设理念还没得到有效落实；现状中心城区雨水管网和郊区雨水泵站标准偏低	随道路和开发区建设新建雨水管道约 358 千米；改造泵站 44 座；全市新建改造雨水管道 1427 千米	房山、昌平、顺义等新城规划新建雨水管网 1102 千米；实施郊区新城下凹桥区泵站改造，治理排涝河道 265 千米，新建蓄涝区 17 处

3.1.4 规划思想缺乏中长期系统战略

根据河湖规划主导思想和战略情况表 3-3，各阶段的战略思想承接性较差，也经历了不少"弯路"。在饮水、防灾减灾等"安全性需求"，以及生产用水、水力发电等"经济性需求"的发展作用下，河湖系统以辅助地位的形式随之调整，易受刚性需求的影响而被动调整。水运这一思想虽在 20 世纪 70 年代到 90 年代有所停滞，但从 2004 年规划中提出京津运河来看，这一思想仍有意回归。挖湖蓄水防旱并降低洪峰和提供游憩的综合水网策略经历填湖、压沟和占河行为后，到 20 世纪 80 年代发展为西蓄、东排、南北分洪的局面，并对河道进行了功能的划分（水源、风景观赏、郊区农田灌溉输水三类），不过到"十二五"规划又有意将水网这一说法重新回归规划中，开辟湖泊湿地等雨洪蓄水、水系相连、暗河恢复明河的措施，但在详细规划策略上较偏向于园林游憩属性而非自然生态属性。

规划研究主要集中在评价补救工作的短期效果，忽视了短期效益最终可能侵蚀长期可持续性的事实。2011—2020年北京仍缺乏专门关于雨水管道（下水道）排水能力不足导致的城市内涝防治项目。与此同时，北京的城市湖泊可以缓解暴雨强度和储存雨水，对控制内涝起到了重要作用。但北京市区水系中许多储存雨水的洼地和湖泊，其中大部分在城市建设过程中被埋没。对北京市流域洪水风险图的研究较多，但城市洪水的洪水风险图体系尚未完全建立，特别是内涝风险图。

表 3-3　1949—2020 年河湖规划主导思想和战略情况

规划年份	河湖主导思想与战略
1949—1957	河湖作为水源的一部分；与绿化结合；开展水运
1958—1965	挖湖蓄水防旱并降低洪峰和提供游憩的综合水网策略
1966—1978	填湖、压沟和占河
1979—1989	西蓄、东排、南北分洪；河道功能划分：水源河道、风景观赏河道、郊区农田灌溉输水河道
1990—2000	采用"西蓄、东排、南北分洪"；城市河湖治理要与美化城市、保护环境相结合
2001—2010	一个内城水系、三大生态水网、五大水系联通、多处湖泊湿地星罗棋布
2011—2020	以"西蓄、东排、南北分洪"的原则调度洪水，形成"上蓄、中疏、下排、有效滞蓄利用雨洪"的防洪排水格局，"一核、三横、四纵"湿地总体布局

3.1.5　规划目标呈追赶水问题的被动式调整模式

各规划措施进行被动调整的情况时有发生，如河湖填垫后被迫调整河湖防洪战略，当水问题程度达到严重影响人民安全和经济效益层面时，被动式调整便发生了，其中用水受威胁时用水思想的转变对这一问题的体现较为明显：从满足工业生活用水、河湖水运用水，到大力开发水源，城乡用水通盘满足，再到控制用水并调整用水格局、开源节流，直至资源合理配置，满足水生态环境承载能力。可以看出，在水资源"缺少 – 浪费 – 污染"的范围不断扩大的胁迫下，用水结构不得不一步步缩小至以保障人民饮水等安全性需求的范围，水源利用类型也随着其可供水量而被动调整排序（表 3-4）。供水水库的兴建总伴随着前一水库的衰竭；地下水开发利用的首要地位随着地下水位持续下降和过度开采而不得不降低；愈来愈远距离的跨流域调水不得不逐渐成为主体等。

虽然规划举措是以缓解水问题、促进社会经济发展为良性出发点，但始终无法摆脱既定的措施框架，对未来不确定性和脆弱性的适应度不够。有所改变的是，20世纪90年代后，特别是21世纪，水源涵养、湿地公园等保护性措施，以及蓄滞洪区等有风险的洪水管理措施，对比靠短期内高投入消除灾害风险的措施，有利于促使人与自然之间向良性互动的关系转变。

表3-4　1949—2020年北京供水用水思想变迁及各阶段水源利用排序

规划年份	供水用水思想	河湖主导思想与战略
1949—1957	满足工业用水； 饮用自来水推广	地下水 永定河、潮白河水 湖泊蓄水
1958—1965	必须大力开发水源，对引来的水，必须采取通盘规划，综合利用，保证工业用水，兼顾城乡的方针，充分合理地加以利用	地下水 凿井利用永定河引水，就地蓄水 湖网和中小型水库蓄水
1966—1978	不明确	不明确
1979—1989	用水量控制； 开源、节流和水源保护并重	地下水 水库用水
1990—2000	用水量控制； 节水型城市； 地表水和地下水联调	南水北调中线水 工业用水重复利用 养蓄地下水，水源涵养保护
2001—2010	用水总量控制、生活用水适当增长、工业用水零增长、农业用新水负增长、生态环境扩大再生水使用，确定用水量	南水北调中线水 再生水 雨洪利用水 养蓄地下水，水源涵养保护
2011—2020	建立以本地水、外调水、再生水和应急备用水源等多水源互联互调、分质供水、安全可靠的水源系统	第一阶段（2014年前），南水北调中线来水之前，争取境外调水，应急水源地不停采，继续动用密云水库库存水，确保首都水源安全。积极推进海水淡化，作为首都战略水源的前期工作。 第二阶段（2015—2020年），在南水北调来水初期，争取多调水，以减少本地地下水开采，涵养保护地下水。逐步实现城区主要依靠外调水、郊区依靠当地水源的城乡水源保障布局。现有的应急水源地由市政府统一管理调度，作为城市的备用水源，兼顾当地供水。 第三阶段（2020年之后），首都水源保障将具有坚强的抗风险能力，拥有多种补源通道和灵活的调度能力，实现城乡水源保障的合理布局，实现宜居的水生态环境

3.2 大都市区涉水规划内容空间层面特征

利用地图分析法（Map Analysis），数据来源主要为北京志书、北京市档案馆、北京大学图书馆馆藏《北京城市总体规划图集》（北京市城市规划委员会，1981）和《北京城市规划图志 1949—2005》（北京市城市规划委员会 等，2006），以及北京市规划和自然资源委员会、北京水务局所发布的规划图集。采用 ArcGIS 10.2，将数据矢量化，并按规划类型进行归类和时空分析。

3.2.1 污水排灌与再生水利用空间特征

污水排灌/污水排除规划均出现在规划的 7 个时期中，主要特征是污水管网与处理厂随建成区扩张而增多，污水灌溉面积经历了西郊 – 北郊 – 南郊 – 东南郊的迁移过程，且逐步扩大。1949—1957 年，计划 6 个污水处理厂分布于规划的 4 大排水河道凉水河、通惠河、清河、坝河，以及石景山等工业区附近，污水排放灌溉格局则集中在北京西郊一带（图 3-4）。1958—1965 年，污水排放围绕中心城区展开，规划污水处理厂合并至 4 个，均分布于排水河道附近，即排入通惠河、凉水河下游、清河、永定河进行污水处理（图 3-5）。1966—1978 年，再次调整污水处理厂为 7 个，污水排灌面积向东南方向扩展到整个凉水河主河道，并标明地表、地下水污染范围和对污水灌渠、污水泵站进行了明确规划（图 3-6）。1979—1989 年，规划污水处理厂改为 8 个，北部分布仅 1 个，主要处理设施集中在市区南部和东南部，城区共 11 个已建污水泵站。污水排灌面积继续向东南方向延伸，已延伸至北运河以南、凤河以北及东南京津边界地带（图 3-7）。1990—2000 年，北京市区规划 16 个污水处理厂，新城规划 9 个污水处理厂，污水排灌面积增加港沟河以北和北运河以南的部分区域（图 3-8）。2001—2010 年中心城区规划 16 座污水处理厂，新城规划 22 个污水处理厂，用再生水代替污水灌溉农业，面积范围也发生变化，分布于通州、大兴、昌平、房山、顺义、朝阳等区（图 3-9）。2011—2020 年对污水排除的理解考虑了流域，流域治理明显，尤其是永定河、潮白河、北运河。再生水与北京湿地公园规划结合，成为湿地的主要补给水源。面源污染控制和人居环境改善中统筹考虑水源保护、水土流失防治，开展水体近自然修复工程，系统推进生态清洁小流域建设。加强湿地生态保护、修复与建设，在重要支流入干流河口地区预留生态湿地（图3-10）。

3.2.2 市域防洪排水规划空间特征

从已获取的5个市域防洪排水规划阶段空间变迁分析：在格局变迁上可以发现，1959年规划提出的以水利网为概念的雨洪蓄滞空间形制，经历了从现状湖泊洼地与水网开挖调蓄联通的空间布局方式，到被闸坝、裁弯改造、堤防控制雨洪的蓄排方

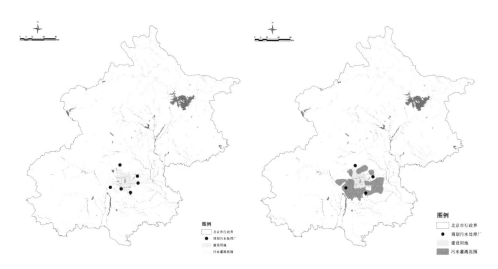

图3-4 1949—1957年污水排灌规划空间格局 图3-5 1958—1965年污水排灌规划空间格局

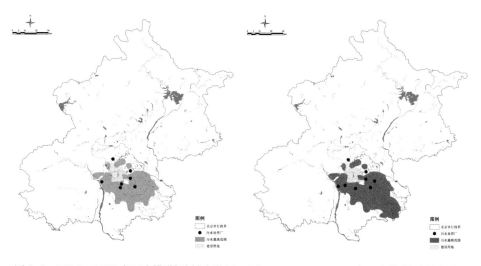

图3-6 1966—1978年污水排灌规划空间格局 图3-7 1979—1989年污水排灌规划空间格局

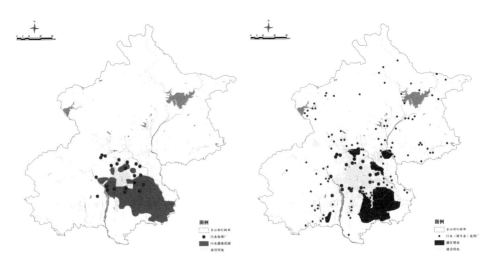

图 3-8　1990—2000 年污水排灌规划空间　　图 3-9　2001—2010 年污水排灌与再生水利用
规划空间格局

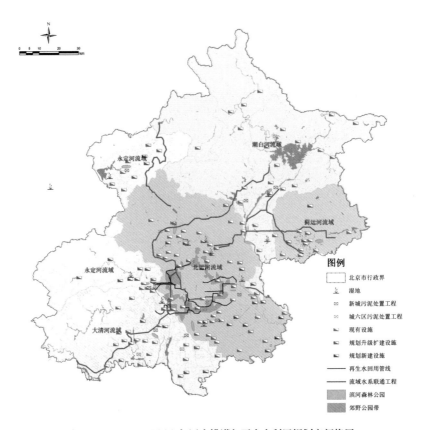

图 3-10　2011—2020 年污水排灌与再生水利用规划空间格局

式取代，再逐渐以增加蓄滞洪区予以恢复，与闸坝控制、疏浚改造和堤防控制兼并的空间布局方式。在面状蓄滞空间上，平面布局从均匀散布的湖泊洼地到较大范围的分洪滞洪区的变化趋势；点状拦蓄空间则正好相反，从集中分布在三大水系转为均匀分布山区各河道；行洪河道等线性空间所构成的河网，密度降低，线性防洪堤数量则逐渐增加。

1949—1957 年为第一阶段，空间格局与（山区）面状绿地、地表水源和河湖系统密不可分（图3-11）；1958—1965 年，平原水网纵横，在房山和大兴等北京南部郊区增加东北–西南向的排水渠系，在通州东南郊一带增加东–西向的排水渠系网络；市区面状湖泊洼地众多且面积较大，河湖串联互通调节雨洪；点状中小型水库集中分布于大清河水系上游、北运河水系上游及蓟运河水系上游三大部分（图3-12）。1990—2000 年，空间格局变化较大，平原水网、窑池洼地的开挖规划消失，取而代之的为疏浚全市区域内已有河道和京津运河，结合永定河、潮白河、温榆河及凉水河下游等主河道防洪堤防规划，共同形成整体线性格局、平面骨架。对市域内5大水系河道进行大范围拦蓄控制，形成 33 个规划和已建的中小型拦蓄水库，较前一阶段而言，这一阶段水库分布更均匀。节制闸等点状闸坝工程主要分布于潮白、温榆河、北运河、凉水河下游和永定河，同时增加酒仙桥、沙河、葫芦堡、将军关、枣树林、番字牌暴雨中心分布，水库、节制闸和暴雨中心点共同构成第二阶段防洪排水点状空间格局。此外，增加永定河向小清河滞洪区分洪的空间规划，滞洪区结合张坊、官厅、密云、白河堡、怀柔、十三陵和海子7个水库共同形成面状结构（图3-13）。2001—2010 年，整体格局形制与上一阶段较为接近，增加了散点状分布的蓄滞洪区和泃河、洵河、怀河、大石河线性防洪堤（图3-14）。2011—2020 年，山区洪水利用水库控制调蓄，平原洪水利用河道下泄、滞洪区滞蓄。中心城区按照"西蓄、东排、南北分洪"的原则调度洪水。构建"两纵四横、一环双网"的洪涝防治总体格局。"两纵"即永定河和北运河；"四横"即清河、坝河、通惠河和凉水河；"一环"即以中心城区第一道环状绿化隔离带为主的海绵城市系统；"双网"即中心城区的排水河网和雨水管网。以此提高水系连通性，恢复河道生态功能，构建流域相济、多线连通、多层循环、生态健康的水网体系，加强河湖蓝线管理，保护自然水域、湿地、坑塘等蓝色空间（图3-15）。

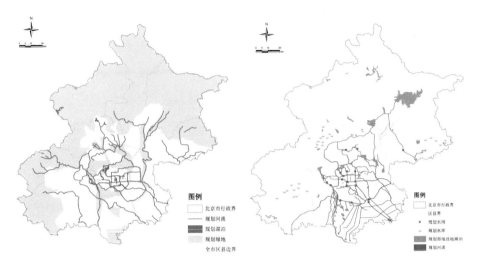

图 3-11　1949—1957 年防洪排水规划空间格局　图 3-12　1958—1965 年防洪排水规划空间格局

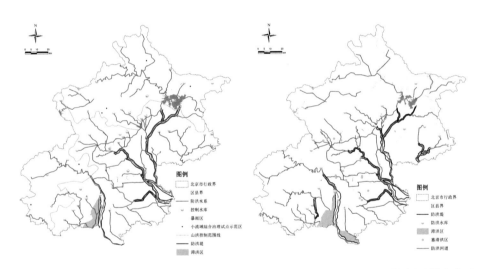

图 3-13　1990—2000 年防洪排水规划空间格局　图 3-14　2001—2010 年防洪排水规划空间格局

3.2.3　中心城区雨水排蓄与防涝规划空间特征

城区尺度上，中心城区雨水排蓄与防涝规划格局最为明显的即面状湖泊湿地不断减少，点状闸坝控制不断增加，线性河道裁弯取直等平面调整明显。对比 1949—1957 年和 1958—1965 年两期规划图纸（图 3-16 和图 3-17），之后四个阶段的规划河流弯曲度由弯变直的空间变化明显，包含凉水河及其支流、北小河、清河、坝河、

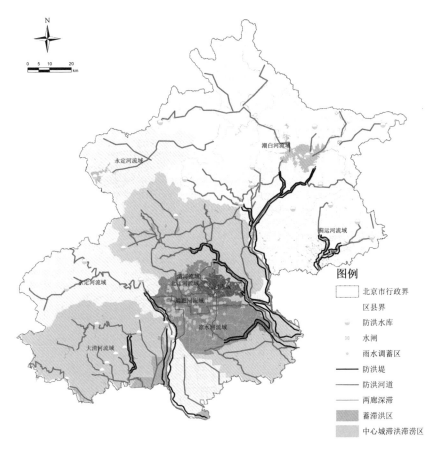

图 3-15 2011—2020年防洪排水规划空间格局

温榆河。规划河网连通性降低的位置主要表现在：①海淀区颐和园昆明湖与圆明园福海两处之间，沟通京密引水渠（昆玉段）和清河的水系连通性；②朝阳区坝河、北小河、亮马河及通惠河之间相互串联程度；③南护城河与凉水河及其支流一带通过湖泊、分洪水系串联。比对 1958—1965 年和 1979—1989 年（图 3-18）规划格局，规划蓄滞湖泊湿地大面积消失，仅保留少量蓄水湖，到 1990—2000 年规划蓄水湖也消失了（图 3-19），直至 2001 年后规划增加蓄滞洪区，面状蓄洪湿地有所回升（图 3-20）。根据城区规划图纸，点状闸坝空间数目从 1959 年规划 11 个，到 1982 年规划 17 个，再到 1992 年规划 29 个，至今闸坝规划涵盖跌水、量水堰等超过 100 个，密布于中心城区主要河道之上；线性河流裁弯取直明显，河网连通性降低。

到 2010 年，北京市中心城区有清河、坝河、通惠河、凉水河 4 条主干排水河道，以及 70 余条支流河道，排水河道总长近 500 千米。中心城区现有主要雨水管道总长约 2500 千米。中心城区雨水排除流域规划可分为以下四个层次：①主干河道流域：清河、坝河、通惠河和凉水河四大主干河道流域；②支流河道流域：四大河道约有 120 条支流河道流域；③主干管道雨水分区：根据地形和路网结构等，在 120 个支流河道流域范围内又可以细划出约 660 个主干管道雨水分区；④支线管道雨水分区：在每个主干管道雨水分区内，可以再细划出各自的排水子分区，总计近万个。雨水调蓄区规划利用城市防涝系统模型计算调蓄规模。中心城区规划在雨水管道系统提标改造的基础上，利用城市绿地，新建各类生态调蓄区约 99 处，调蓄容积约 108 万立方米。

2011—2020 年北京中心城区按照"西蓄、东排、南北分洪"的原则调度洪水。形成"上蓄、中疏、下排、有效滞蓄利用雨洪"的防洪排水格局，确保防洪安全。共有 13 处蓄洪区需要建设。中心城区雨水排除系统共规划为清河、坝河、通惠河、凉水河排水流域。分流域蓄滞径流，全面推进海绵城市建设。中心城区防洪排涝格局显示规划建设西部、东部排蓄廊道。廊道总长约 100 千米，滞蓄能力 800 万立方米，埋深 30～40 米。西部排蓄廊道起自南旱河、西郊砂石坑，终至永定河，连通西蓄工程、凉水河支流（新开渠、水衙沟、新丰草河、马草河、葆李沟）与永定河。东部蓄滞廊道起自清河，终至凉水河，连通坝河、亮马河、二道沟、通惠河、东南郊灌渠、萧太后河、大羊坊沟等河道及朝阳公园湖泊绿地。这一时期于 2015 年提出加强雨洪管理，建设海绵城市，海绵城市建设分区管控策略，综合采取渗、滞、蓄、净、用、排等措施，加大降雨就地消纳和利用比重，降低城市内涝风险，改善城市综合生态环境（图 3-21）。到 2020 年 20% 以上的城市建成区实现降雨 70% 就地消纳和利用，到 2035 年扩大到 80% 以上的城市建成区。

3.2.4 河湖（系统）空间整治特征

河湖系统空间整治规划以市区河道为主要规划对象，通过将各规划阶段所计划整治的河道与湖泊的疏浚或开挖宽度进行整理，考虑规划宽度，因此采用自然断点法（Natural Break）作为划分宽度与面积的标准。

在标准统一的情况下，查看各规划阶段河湖疏浚整治的面积与宽度特征如下（图 3-22～图 3-24）。

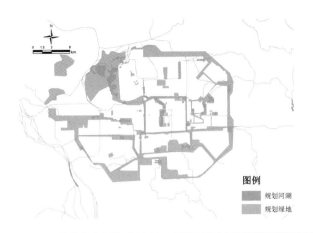

图 3-16　北京市中心城区 1949—1957 年雨水排蓄规划空间格局

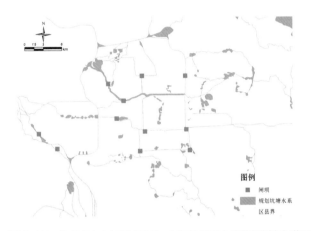

图 3-17　北京市中心城区 1958—1965 年雨水排蓄规划空间格局

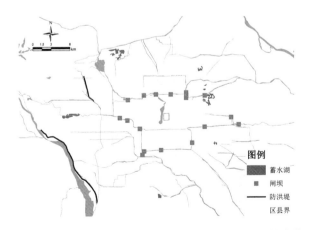

图 3-18　北京市中心城区 1979—1989 年雨水排蓄规划空间格局

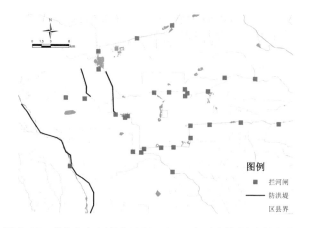

图 3-19　北京市中心城区 1990—2000 年雨水排除规划空间格局

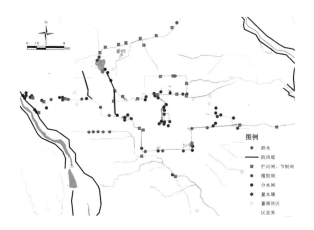

图 3-20　北京市中心城区 2001—2010 年雨水排除规划空间格局

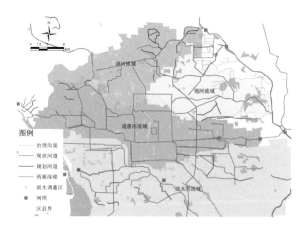

图 3-21　北京市中心城区 2011—2020 年排水河道及蓄涝区规划空间格局

河流方面，①规划河流的数量不断增加，1949—2020年，规划河流数目从22条增加到98条（表3-5）。②规划宽度为减小趋势，平均河宽由1958—1965年的44.74米，减少到1979—1989年的24.7米，2001—2013年的29.92米。其中北小河、南旱河、长河、北护城河、莲花河宽度减少量较显著。③凉水河、京密引水渠（昆玉段）、通惠排干水系宽度呈增加趋势，京密引水渠（昆玉段）由规划以来的20米逐步发展到40米，通惠排干水等东南郊主要排水干渠由早期的10米，到2001—2010年疏浚至40米。凉水河下游宽度在最近一次规划中达到最大值90米，上游宽度也从15米增加到50米；2011—2020年中心城区河流规划需治理河道38条，总长度144.8千米。此外，需规划治理乡镇排水沟渠63条，总长度137.9千米。规划改建现状桥梁261座，新建南旱河限流闸、分洪枢纽及改建现状闸坝29个。为维持河道不拓宽，规划采用蓄涝区滞蓄涝水的方针。规划蓄涝区原则上利用规划绿地、低洼地及现状水面等有利条件。中心城区原规划蓄涝区8处，规划新增蓄涝区34处，规划新增蓄滞水量1215.6万立方米，规划新增蓄涝区611.6公顷。④清河、坝河、通惠河的宽度基本维持不变，均超过50米。⑤1959年规划宽度60米的前三门护城河和规划宽

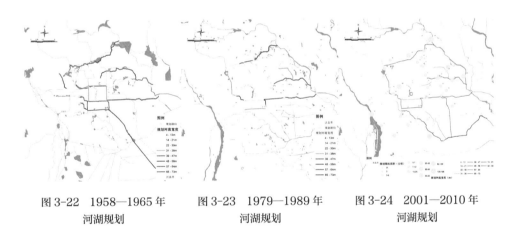

图 3-22　1958—1965年　　　图 3-23　1979—1989年　　　图 3-24　2001—2010年
　　　　河湖规划　　　　　　　　　　河湖规划　　　　　　　　　　河湖规划

表 3-5　规划河湖数目统计

时段	1949—1957	1958—1965	1966—1978	1979—1989	1990—2000	2001—2010	2011—2020
规划河流数目（个）	22	26	未提及	41	15	76	98
规划湖泊数目（个）	15	12	未提及	10	19	43	51

度 70 米的京津运河, 在 1979—2000 年两期规划中消失, 进入 2001—2013 阶段, 规划提出恢复前三门护城河和京津运河, 但前三门护城河的宽度仅为 30 米, 京津运河则尚未描述宽度。

湖泊方面, 规划湖泊数目从 15 个增加到 51 个。规划湖泊范围逐渐由中心城区的四海、玉渊潭、莲花池、昆明湖逐渐向外扩张。1982 年湖泊规划范围北到清河北郊四湖, 南至南苑大泡子湖, 西至西郊砂子坑, 东至东北郊南湖渠窑坑。2004 年湖泊规划范围, 北部远扩到雁栖湖, 西扩至永定河卢沟桥郊野公园湖泊, 东扩至温榆河金盏公园湖泊, 南扩至南六环念坛公园湖泊。规划湖泊面积, 1959 年市区湖泊规划最大湖泊面积达到 400 公顷, 到 2004 年规划最大湖泊面积仅达到 188 公顷, 湖泊面积经历了从增加到减少再到增加的变化过程, 虽规划湖泊数量在逐期增加, 但整体湖泊面积仍为减少趋势。

2011—2020 年流域治理的概念强化, 对城市河道生态化改造, 恢复和建设大尺度湿地。构建"一核、三横、四纵"的湿地总体布局, 恢复湿地 8000 公顷, 新增湿地 3000 公顷, 全市湿地面积增加 5% 以上。在北部地区, 以妫水河 – 官厅水库、翠湖 – 温榆河、潮白河、泃河为重点, 加快湿地恢复和建设。在南部地区, 以房山长沟 – 琉璃河、大兴长子营、通州马驹桥 – 于家务为节点, 恢复和建设大面积、集中连片生态湿地和湿地公园。根据北京市耕地河湖休养生息规划 (2018—2035), 湿地面积计划从 2016 年 5.14 万公顷增长到近期 2020 年 5.44 万公顷和远期 5.50 万公顷。

3.2.5 水源保障与城乡供水空间格局

北京水源供给从依靠自然地表水系作为输送途径, 逐渐变迁为依靠地下管线运输生产与生活用水; 从点状和线性分布特征逐渐增加以水源保护区为代表的面状空间结构。其主要经历了由市域内自给、打井和依靠永定河与潮白河水源, 到市域外海河流域内引水和地下水开采区把控, 再到市域外海河流域外引黄河水, 以及增加再生水利用、雨洪利用。根据规划图纸获取情况, 共 5 个阶段。

在这 5 个阶段中, 1958—1965 年, 水源供水规划格局 (图 3-25) 整体上集中在市域北部和中部形成兴建水库的供水趋势, 以及东南方向京津供水线, 供水水库较多, 共达 14 个, 与之后 4 个阶段的区别主要集中于温榆河上游京密引水渠北部, 包含汇聚于北沙河的白羊城沟、兴隆口沟、塘猊沟、关沟；汇聚于东沙河的德胜口沟、锥石口沟、上下口沟，以及孟祖河、西峪沟、钻子岭沟、桃峪口沟和怀九河。其后3个阶段在格局分布上较为相似，呈现较为明显的东北 – 西南走向，东南京津线逐渐弱化。1979—1989年，改变原有依靠水系供水的整体规划格局（图3-26），构建东北部怀柔水库、潮白河引水线，增强西南方向供水线路，保留有东南京津供水线，供水水库往远郊移动，共9个，并加入地下水可开采区范围的考量。1990—2000年的供水格局显示（图3-27），东南方向供水线消失，强调东北至西南方向的供水轴线，东北引水线延长，西南调水线未有明显变化，供水水库数量继续减少，共计5个；对地表水源和地下水源保护区有了明确划分，集中在中心城区西部和潮白河冲洪积扇等地下水较丰区域，以及官厅、密云水库及其引水河渠。2001—2010年（图3-28），供水水厂扩大范围明显，包括再生水厂的规划，供水线向东部平谷区和北部白河堡水库延伸，城区供水形成环线；水源保护区在前一阶段的范围基础上，增加6个备用水源地保护区。2011—2020年（图3-29），共调水68亿立方米，主要分为两个阶段：第一阶段为2011—2015年，河北省靠近北京的主要水库应急供水16亿立方米，2016—2020年，南水北调共计调水52亿立方米。

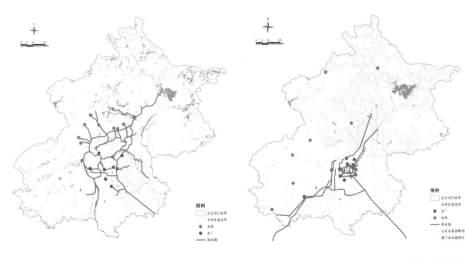

图 3-25　1958—1965 年水源供水规划格局　　图 3-26　1979—1989 年水源供水规划格局

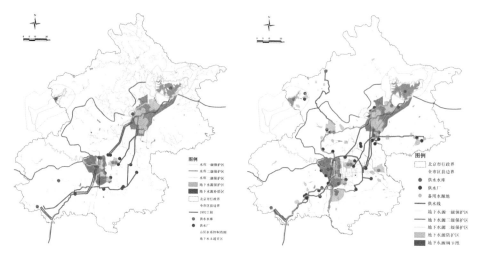

图 3-27 1990—2000 年水源供水规划格局 　　图 3-28 2001—2010 年水资源供水规划格局

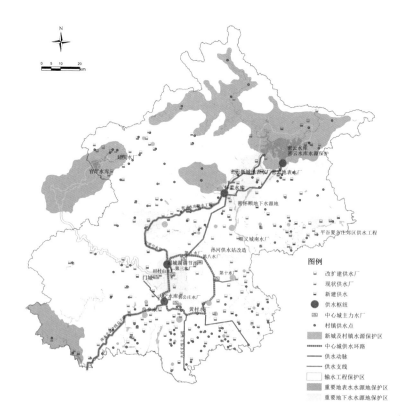

图 3-29 2011—2020 年水资源供水规划格局

4

大都市区涉水规划实施的
时空动态特征

4.1 涉水规划实施项目聚类及特征

内容分析法获得的涉水规划实施内容的具体类目频数信息，运用软件 SPSS 17.0 展开快速聚类分析，用新归类的结果代替初始分类，以类簇的平均位置作为新的凝聚核，重新分类，并检查结果是否合理，如果合理，则分类结束，否则根据到凝聚核距离的远近调整分类方案，用调整后的方案代替第二步分类。当类簇中心移动幅度非常小，上下两次移动的差值小于某个规定的临界值的时候，就可以近似地视为收敛，从而验收分类结果。

采用内容分析法所形成的 30 个实施具体项目内容数据值，通过 SPSS 软件中的 K- 均值聚类方法进行快速分类。先选择 K=10 判别结果，较详尽地了解聚类情况：治导工程、排水泵站、湖泊整治、闸坝、蓄水池、下水道各自成一类，共 6 类；再生水厂、水源保护、湿地公园、污水处理厂、蓄洪区属于第 7 类；园林绿化、污水截流工程、分洪滞洪工程为第 8 类；工业水厂、自来水厂、供水水库、引（调）水、雨水利用、自备井供水、平面调整、污水泵站、拦污导污、沟渠排水、堤防工程、险工护砌归为第 9 类；疏浚调整、河道排水属于第 10 类。在此基础上，结合数据随阶段推移形成的散点分布，再将分类数量减少，选取 K=5，此时，排水泵站与园林绿化、污水截流工程和分洪滞洪工程属于同一类。

最终，主要划分为 5 类，根据类型特征概括为：出现明显实施高潮的项目内容；20 世纪 90 年代后实施深度迅速增加的项目内容；实施次数较为持续平稳的项目内容；逐年增加的项目内容；呈周期变化的项目内容。

4.1.1 出现过明显实施高潮的项目内容

通过聚类可知，出现过明显实施高潮的项目内容包含自备井、拦蓄水库、河道平面调整、治导工程和水库旅游项目。自备井和治导工程的实施高潮均集中于 1958—1965 年，拦蓄水库和河道平面调整项目实施高潮集中在 1966—1978 年，水库旅游项目集中发生于 1990—2000 年。具体情况如下。

（1）自备井

1949 年至 20 世纪 80 年代初期，自备井年开采量呈现不断攀升的趋势，开采量高潮集中于 1958—1978 年，到 1982 年前后达到峰值。从 1949 年 0.0357 亿立方米到 1982 年超过 4 亿立方米的开采量（图 4-1）。起始背景为 1960 年城市建设投资紧缩而用水量激增，为了应急，提出"广大用户可自打深井取水"，形成了以城市公共供水与单位自备供水齐头并进的局面。到 1990 年底，城市供水迅速发展的同时，郊区县相继建设了公共供水系统，不少单位还兴建了自备供水厂和自备供水井。1999 年，城市自备供水厂 50 座，单位自备井 3770 眼。2011 年共有城镇自备井 13 000 眼，年供水量 4.6 亿方米，其中城六区共有自备井 6550 眼，年供水量 2.25 亿立方米，占城六区供水总量的 28%。从 2015 年开始，对城六区范围内开展置换自备井为市政水源，自备井数量和开采量明显减少，当年完成 4126 眼废弃机井封填，置换 105 个单位自备井，年减采地下水 0.16 亿立方米。到 2020 年，自备井数量下降至 5401 眼，年开采量减少到 0.12 亿立方米。

（2）水库兴利

水库兴利指在河流的有利地点修建人工湖来存蓄洪水，调节径流，这种人工湖称为水库，包括大型水库、中型水库、小型水库。北京水库逐年实施高潮发生在 1958—1959 两年内，总共修建了 24 座水库，占所有水库修建数量的 1/3，总库容达到 1.3 亿立方米；按阶段划分，实施高潮则集中于 1966—1978 年（图 4-2）。水库

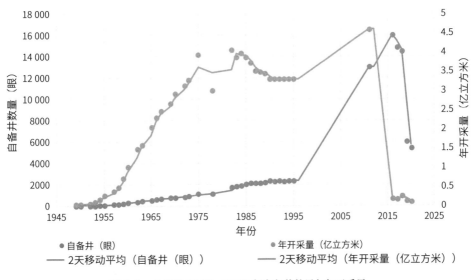

图 4-1 北京市 1949—2020 年自备井数量与年开采量

兴利发生实施高潮的原因在于大规模水利建设时期提出的"以蓄为主"的思想，大量修筑中小型水库的规划思想得到了充分且大规模的建设实施。从图4-3反映出，潮河修建水库的数量最多，共计13个，其次是汤河、白河、大石河，可见潮白河及其上游潮、白两河所占的比例近1/3，潮白河流域水系水库数量占据近一半的比例。可见，从地理区位来看，潮白河的开发利用又是水库兴利中的实施高潮区域。到2020年，北京市水库共有85座，其中大中型水库21座。

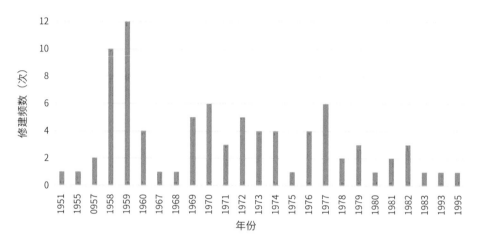

图4-2　水库兴利情况

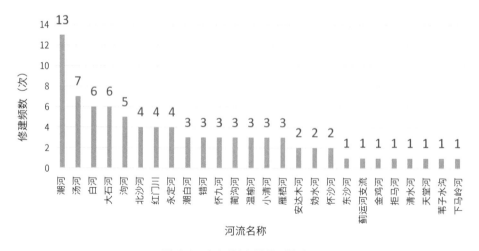

图4-3　水库所在河流位置统计

（3）河道平面调整

北京河道平面调整主要包含裁弯取直、修建减河，改河工程等。1966—1978年是河道平面调整的实施高潮期，从背景原因上分析：1959年东南郊严重沥涝引起的省市边界矛盾和1963年北京发生严重洪涝灾害，带来了第一次和第二次"东南郊除涝大作战"，主要实施时期则在1966—1978年前后，开挖了凤港、龙凤、运潮三条减河；开挖了新天堂河直接排入永定河；开挖了龙减河，使原本排入北运河的龙河与天堂河排入永定河泛区；1970—1974年对温榆河及北运河干流分三期进行了疏挖，还疏挖了凤河与港沟河干流，以及凤河排水支沟等。此外，1975年的坝河治理工程，经过线路调整，使27.8千米长的河道缩短至23.3千米。1978—1992年，进行了3次较大的河道裁弯取直与宽度改造（图4-4）。1978年清河治理中，有7处进行裁弯取直，使28千米长的河道缩短了3.44千米（图4-5）。

（4）治导工程

治导工程主要是对永定河水系的治理。采用"三固一束"的原则，即固定险工、固定流势和束窄河道，采用土石丁坝、顺坝等。配合防洪工程，并受"63·8"洪涝灾害背景原因的影响，大规模修建于1958—1965年，而后阶段有部分重做和增加。

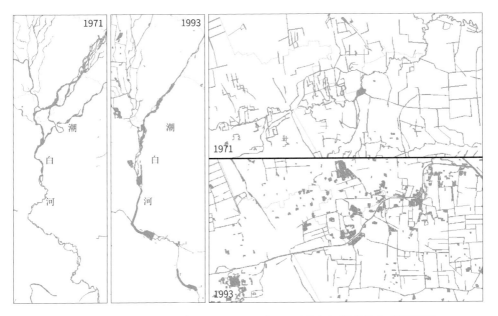

图4-4　潮白河平面调整前后对比示意图　　　　图4-5　清河平面调整前后对比示意图

（5）城市与工业污水灌溉

除了通过内容分析法从实施次数上得出以上几类实施项目具有明显实施高潮外，还从无法用次数统计的规划项目中发现污水灌溉也存在明显灌溉高潮时段，集中于20世纪60年代初至80年代末（图4-6）。自1952年就在石景山地区开始利用石景山钢铁厂的工业废水进行灌溉。随后迅速扩大的原因是，随着对北京的污水灌溉进行了调查研究、试验和"样板田"实施，得出"经过污水灌溉后的农田产量有显著增加，对于农业增产有很大效益"。虽然当时天津已发函指出北京城市污水污染北运河及海河水源的问题，但北京市委给予回复"北京农业污水灌溉面积由1962年的14.700亩上升到1963年的35.919亩，即增加了144%，今后污水灌溉面积还将继续扩大，污水污染河水情况将逐年得到改善"，并称赞这水是"金水、银水、增产水"，此后进一步扩大了东南郊的污水灌溉范围（北京市档案馆，1963）。可见，北京大力推广污水灌溉农田的阶段为水污染重视时期1966—1978年。1959年污水灌溉农田面积仅0.4万公顷，到1969年增加近10倍，达3.9万公顷，在20世纪80年代末达到峰值。到1988年，在市区范围内已有污灌面积近8.4万公顷，占全市耕地面积的1/5（杨林林 等，2005）。随后，因逐渐发现病原污染、土壤板结等现象，特别是随着工业建设的发展，城市污水中掺杂着有害工业废水的事件逐渐增多，致使农作物受害，严重污染环境和地下水。城市与工业污水灌溉面积开始缩减，并逐渐采用发展起来的再生水和节水灌溉予以替代。节水灌溉指采用喷灌、微灌、低压管道输水、渠道衬砌防渗等工程技术措施，提高用水效率和效益的灌溉（图4-7）。

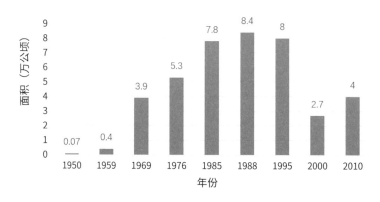

图4-6　1949—2010年北京城市与工业污水灌溉耕地面积统计

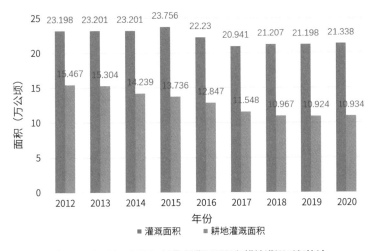

图4-7　2012—2020年北京灌溉面积和耕地灌溉面积统计

4.1.2　实施深度迅速增加的项目内容

研究阶段后期迅速增加的实施项目内容包括再生水厂、水源保护、湿地公园、污水处理厂、蓄滞洪区、地下蓄水池、滨水园林绿化、污水截流工程、排水泵站、分洪滞洪工程。

（1）水源保护

其发展背景是自1971年冬，官厅水库水体出现严重污染情况，鱼类大量死亡，很多人得病。1972—1976年，重点开展了官厅水库水源保护工程，随后继续就上游河北、山西、北京、内蒙古4省市的工厂废水排放进行治理。总体而言，自发生重大污染问题以来，官厅水系的水源保护得以强调。1981年成立水库旅游开发公司后，旅游对水库水质和北京缺水带来的影响不断引起关注，于1985年对密云水库的旅游、商业及服务设施全部拆除。并借鉴新加坡保护饮用水源的经验，1986年将密云水库由二级保护区改划为一级保护区严加保护。1990年后对水源地（含水源水库）的划分更为明确，保护区建设也逐渐开展，近20年建成了密云水库上游一、二级保护区面积770平方千米；官厅水库上游一、二级保护区面积660平方千米；怀柔水库上游一、二级保护区面积120平方千米；16条主要河道两侧各1千米，河道总长577千米。6处地下水源地：顺义的八厂水源地和怀柔应急水源地保护区面积258平方千米、三厂水源地保护区面积31平方千米、平谷应急水源地保护区面积152平方千米、张坊应急水源地保护区面积 98 平方千米、马池口应急水源地保护区面积 149 平方千米。10 个新城集中供水的地下水源地：保护区面积 240 平方千米。村镇供水水源地保护区面积则达到 2920 平方千米。2011—2020 年实施重要地表水源区水资源保护和生态环境建设，配合完成潮白河流域等生态清洁小流域建设。重点建设密云水库库滨带治理等水源保护工程，完成官厅水库塌岸治理，划定南水北调中线干线水源保护区。

（2）排水泵站与地下蓄水池

排水泵站指由泵或其他机电设备、泵房及进出水建筑物组成，建在河道、湖泊、渠道上或水库岸边，可以将低处的水提升到所需高度，用于排水、灌溉、城镇生活和工业供水等的水利工程。北京排水泵站作为道路立交排水，第一座为建成于 1971年的北三环泵站，此后 1972、1985、1988、1989 年均有建设，但增长较缓。1990—2000 年快速增加 42 个泵站，达到 84 个。2012 年"7·21"水灾过后，对排水泵站的监管和维护更是加大，并根据内涝风险将排水泵站增至 95 座。但仍有涝灾风险，规划考虑"地下空间不足无法安排足够宽的排水管道和大量的水泵"，但蓄水"能够保障强降雨后地面积水及时排除不影响交通，蓄积的雨水经过处理后还能使用，解决本市水资源不足的问题"，因此，为应对下凹式立交桥排水、内涝问题，地下蓄水池在 2001—2020 年，特别是 2012 年后大量修建，新建的 61 座调蓄池可蓄水21 万立方米，相当于陶然亭湖的蓄水量。到 2020 年，排水泵站在市域范围内的数量达到 367 座。

（3）蓄滞洪区

蓄滞洪区是江河防洪体系中的重要组成部分，是保障重点防洪安全，减轻灾害的有效措施。北京最早在 1979—1989 年开始实施，但直到 2011—2020 年才明确实施，这期间实施的重要蓄滞洪区包括北京西郊沙石坑蓄滞洪区、小清河分洪区、宋庄蓄滞洪区、通州区凉水河蓄滞洪区、南旱河蓄滞洪区、沈家坟蓄滞洪区、水衙沟蓄滞洪区、黄土岗蓄滞洪区、环渤海总部基地蓄滞洪区、奥运湖、玉渊潭湖、水碓湖、崔家窑、沈家坟、沙子营蓄洪（涝）区，均已建成。北京市 2020 年有蓄洪（涝）区12 处，其中现状蓄洪（涝）区占地面积约 23 937 公顷，可实现蓄洪（涝）量约 1.87亿立方米。

（4）湿地公园

湿地公园不同于水环境治理工程，前者的功能是恢复生态系统，修复河湖、滩涂、砂石坑、坑塘洼地等湿地，后者在于减少河流与湖泊的污染负荷。从北京湿地公园实施建成情况（表4-1）来看，主要实现于2001—2010年和2011—2020年，与该阶段规划背景相对吻合。恢复和新增湿地面积超10万亩（约0.667万公顷），主要分布在城市副中心区、新机场、冬奥会和世园会园区周边，以及永定河流域等重点区域；连方成片的万亩以上的森林湿地已达10多处，包括东郊森林湿地、东南郊湿地、台湖万亩游憩园、青龙湖湿地等。截止到2020年底，共建设了国家和市级湿地公园12个，其中国家级2处，市级10处，具体包括翠湖国家城市湿地公园、野鸭湖国家湿地公园、长沟泉水国家湿地公园、北京玉渊潭东湖湿地公园、北京市雁翅九河湿地公园、

表4-1　北京湿地公园实施建成情况

年份	湿地公园
2002	长沟泉水国家湿地公园，是北京市唯一一处泉水型的湿地公园，形成水面1600亩（约106.67公顷），总蓄水量达210万立方米
2004	江水泉公园，拓宽并完善了妫水公园、三里河湿地生态园
2005	温榆河2万亩（约0.133万公顷）人工湿地，建设沙河闸库区、半壁街等生态湿地530亩（约35.33公顷）
2006	翠湖湿地公园，斋堂镇军响3万平方米湿地工程，野鸭湖国家湿地公园
2007	稻香湖旅游区翠湖湿地二期工程
2008	永定河大砂坑生态治理、王平河道湿地修复
2009	奥林匹克森林公园，潮河河道湿地186万平方米、谷家营湿地
2010	朝阳马泉营、通州运河等6处生态湿地，形成220万平方米水面，完成靛厂湿地建设
2011	园博园湿地，南海子公园，琉璃庙湿地公园，长沟国家湿地公园，北运河大兴4座滨河森林公园和三海子郊野公园，新增水面530万平方米；昌平区沙河等7处生态湿地，新增水面250万平方米；怀北汤河湿地公园
2012	永定河"四湖"工程，包含园博湖在内，野鸭湖、汉石桥、长沟等湿地恢复工程，怀柔区琉璃庙湿地公园
2013	雁翅九河湿地公园，穆家峪红门川湿地公园，马坊小龙河湿地公园
2014	汤河口湿地公园，大兴长子营湿地公园
2016	玉渊潭东湖湿地公园
2018	大兴杨各庄湿地公园
2019	首个小微湿地示范项目落地亚运村北辰中心

北京市长子营湿地公园、北京市杨各庄湿地公园、北京市南海子湿地公园、北京市马坊小龙河湿地公园、北京市琉璃庙湿地公园、北京市汤河口湿地公园、北京市穆家峪红门川湿地公园，总面积 2900 余公顷。2019 年，首个小微湿地示范项目在亚运村北辰中心花园亮相，示范区建设面积 4100 平方米。

（5）雨水利用工程

雨水利用工程指采取工程措施，对雨水进行收集、存贮和综合利用的微型水利工程。虽然北京从 20 世纪 90 年代就开始筹划雨水利用课题，但直到 2000 年才开始启动北京市雨水利用工程。伴随着节水型社会建设，雨水利用工程逐步实施。雨水利用工程总量稳步增长，2005—2015 年新建工程数量逐年递增，每年新建工程数量由 2005 年的 53 处达到 2015 年底的 2440 处（图 4-8）。2006 年建设 300 项雨水收集利用工程；2007 年建成 478 处雨水收集利用工程；2008 年新建雨水收集利用工程 350 处；2010 年新建郊区雨洪利用工程 100 处；2012 年建成农村雨洪集蓄利用工程 100 处；2013 年完成城区雨水收集设施 159 处和农村雨洪利用工程 200 处。2016—2020 年，雨洪利用工程数量增速有所减缓。2016 年底，新增城镇雨水利用工程 118 处；2018 年新建雨洪利用工程 88 处。根据北京市水务局海绵城市工作处（雨

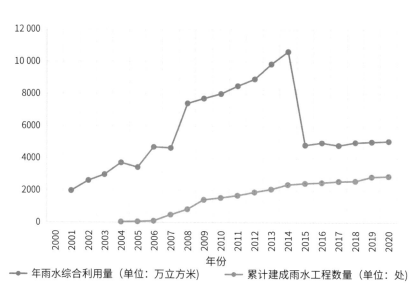

图 4-8　雨水综合利用量和累计建成雨水工程数量逐年增长趋势

水管理处）、北京市节约用水办公室公布的数据，城六区雨洪利用工程处数增加缓慢，其中西城区总处数占比最多，其次为朝阳区；郊区雨洪利用工程处数为城六区的 2～3 倍，其中延庆区和密云区占比最多，顺义区、房山区和平谷区次之。

（6）河流截污工程

根据排水志与年鉴记载，北京市截污工程提及较早，其项目实施的次数变化与排污口数量增加有关。1955 年统计到的排污口达到 403 个，主要分布于护城河和通惠河水系（表 4-2）。污水干线与污水截流工程也相应分布于通惠河南岸、亮马河、坝河、北土城沟、马草河、丰草河、旱河、人民渠、新开渠、莲花河。但截污工程的发展却与排污口的增加速度不匹配，相对较慢，直至 1988 年《中华人民共和国水法》的颁布，加大了水环境治理相关工程的投入，形成了 1990 年后包含排污口治理在内的截污实施次数迅速增长的趋势。

表 4-2　1955 年北京下水道出口情况列表

河道名称		长度 / 千米	1955 年下水道出口数 / 个	排入平均日污水量（万立方米）	排入最高时污水量（m³/s）
东北护城河		10.368	59	157	331
南护城河	莲花河	15.592	22	110	232
	南护城河		42	135	285
	合计			245	517
前三门护城河	西护城河	7.792	52	11	24
	前三门护城河		194	240	505
	合计			251	529
通惠河		—	20	245	516
汇流至通惠河总计				898	1893
清河		—	6	120	253
坝河		—	3	52	109
凉水河		—	5	280	591
合计			403	1350	2846

资料来源：北京市档案馆。

（7）污水处理厂与再生水厂

北京污水处理厂的实施早期是为污水灌溉提供保障，最早修建的是 1956 年酒仙桥污水处理厂，但日处理量仅为 1.4 万立方米，处理后的污水用于农田灌溉，随后 1961 年修建了简易的高碑店污水处理厂。除少量污水泵站的修建，20 世纪 60 至 80 年代污水处理厂发展严重滞后，将污水引向城区下游的郊区地带，但污水直接入河却造成了"以邻为壑"的污染局面。1984 年高碑店污水处理厂一期工程实施。1986 年，建设了方庄污水处理厂，1987 年建设了北小河污水处理厂。1987 年，开始推出建筑内中水回用项目，并在高碑店及方庄污水处理厂建设了中水处理装置。2000 年以后才以较快速度形成城六区 22 座污水处理厂、再生水厂，以及新城 34 座再生水厂和 42 个重点镇污水处理厂。截至 2020 年，北京共计 176 个污水集中处理设施（图 4-9），其中 70 座污水处理厂，全市污水处理率达到 95.0%，再生水利用量达到 12 亿立方米。

（8）河道园林绿化

从表 4-3 中看到，1950—1984 年，河道园林绿化主要为植被的栽植和树种数量方面（图 4-10）。1990 年后，北京城市涉水规划进入河渠综合治理时期，河道园林

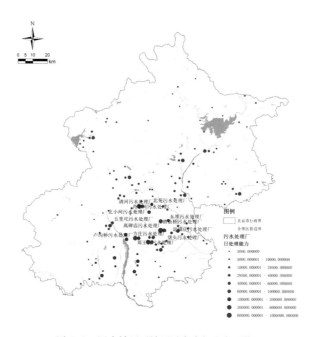

图 4-9   污水处理厂处理量大小与分布现状

表 4-3 河道园林绿化情况

年份	河道园林绿化情况
1950	长河及莲花栽植柳树
1957	永定河引水渠两岸栽植
1958	水利建设伴随河道发生变化，绿化面积有所增减
1962	北京市内河道种植 4.08 万株植被
1965	河岸绿化，在马甸河、秀水河、护城河、左安门护城河共植 6.63 万株植被
1966	京密引水渠（市区段）无硬化，在河坡种 10 万株植被，河岸栽植 4.6598 万株植被
1975	河道种植 9.28 万株植被
1981	主要在永定河、潮白河两岸，潮白河与雁栖河之间栽植 6.97 万株植被
1984	北护城河扩展绿化和亮马河上游绿化

资料来源：北京市地方志编纂委员会，2000。

图 4-10 20 世纪 40 年代北京护城河河道树

绿化迅速增加，1984 年划定北京市区河道两侧隔离带的规定和风景观赏河道规划产生了直接效应，全市上下以"满城青翠满城花"为目标，掀起了空前规模的绿化美化热潮，至此形成持续不间断的河道园林绿化行为，与之前选择性绿化过程形成差异。2001—2004 年，实施了"五河十路"绿色通道建设工程，在"五河十路"两侧建成了 20 ～ 50 米宽的永久性绿化带，外侧建成 200 米宽的绿色产业带，完成绿化 1035 千米，造林面积 38.5 万亩（约 2.57 万公顷），其中永久性绿化带面积 12.2 万亩（约

0.81万公顷)。为举办好2008年奥运会,全市紧紧围绕"办绿色奥运、建生态城市"的目标,全面实施了奥运场馆及相关配套项目共150项绿化工程。从2012年开始,结合北京市启动的平原地区百万亩造林重要工程,绿地总量大幅增长。对永定河、潮白河等断流形成的"风沙危害区"河滩地开展修复,在温榆河、北运河、大沙河等河流两侧和流域内实施城市休闲公园、近郊郊野公园、新城滨河公园和远郊森林湿地公园等绿化工程。2014年,已建成环二环水系、三山五园、温榆河、园博园等821千米的健康绿道,将城乡绿色水体景观资源串联起来。到2020年,北京都市区河道90%以上实现了绿化。主要河流生态规划参见第5章。

4.1.3　实施稳步增长的项目内容

研究阶段项目实施次数未间断、稳步增加的项目内容包含闸坝工程与雨水和污水管网。具体发展背景与过程如下。

(1)闸坝工程

呈逐渐增长状态的闸坝,按功能分有拦河闸、进水闸、分水闸、节制闸、橡胶坝等。主要的城郊水系中包括1955年由水利部北京市建筑设计研究院设计的永定河上的首座拦河闸——三家店闸(图4-11);20世纪60年代为温榆河梯级蓄水建设的沙河闸、马坊橡胶坝、曹碾浮体闸、鲁疃翻板闸、辛堡翻板闸,以及金盏翻板闸,为北运河(主干)梯级蓄污建设的榆林庄闸、杨洼闸;1984年潮白河上建设的向阳闸,该

图4-11　永定河河闸工程鸟瞰

闸是向阳闸引水渠（引潮入城工程）的渠首工程，年平均回补地下水 0.95 亿立方米（图 4-12）。此外，在城区河流和引水渠道上建有许多中小型水闸，如北护城河上的松林闸、南护城河上的右安门泄洪道闸、内河水系的昌蒲闸和永定河引水渠与京密引水渠汇合后的玉渊潭进口闸等。2010 年过闸流量每秒 1 立方米及以上水闸 1061 座，橡胶坝 145 座。到 2020 年北京大小水闸总共 1097 座，其中城六区内有 197 座，朝阳区分布最多，达 94 座，海淀区 69 座。

橡胶坝是指用胶布按要求的尺寸，锚固于底板或端墙上成封闭袋体，利用充排水（气）控制其升降活动的袋式挡水坝。1966 年设计建成北京市也是国内的第一座橡胶坝——南护城河上的右安门橡胶坝；1966、1967 年又修建了绣漪闸橡胶坝。此后，橡胶坝的发展停滞了 20 年。1993 年，橡胶坝被国家批准为国家级科技成果重点推广项目。1988—1993 年建东便门等橡胶坝 13 座，1994—1995 年两年建东三环等坝 21 座，到 2000 年，潮白河上的橡胶坝高达 11 座。2017 年 5 月，北运河甘棠橡胶坝改建工程竣工通水。截至 2020 年，市域范围内橡胶坝数量达到 163 座，其中城六区内橡胶坝 46 座，朝阳区最多，为 30 座。

（2）雨水和污水管网

排水作为大都市区涉水规划实施的重要环节持续开展，并随着城市扩张等比例、等量扩展。根据《北京志·排水志》，1949—1957 年，主要为了消灭城区排泄雨水、污水的沟坑，改善城市环境卫生。下水道建设沿袭了我国历史上的明渠暗沟的排水模式，并改雨、污分流。市区污水排除与处理分为 8 个系统，雨水排除分别排入城区水系。由于北京原有的下水道大部分是雨污水合流，不可能在短期内全部改成分流，必须采取过渡性措施。第一步先修建沿河的污水截流管，截流合流管中的污水，

| 密云水库 - 向阳闸 | 向阳闸 | 向阳闸 - 苏庄站 |

图 4-12　2012 年夏季密云水库等水库弃水时期向阳闸前后对比

将其送至污水处理厂；第二步随着旧城的改建和道路的展宽逐步配套修建污水支线。因此，1953 年配合文教区大专院校的建设修建了雨污水分流制后的第一条污水管——文教区污水管，1954 年修建了阜外西滨河路污水截流管和北京市第一座污水泵站，前三门北岸污水截流管、东护城河西岸、通惠河北岸等污水截流管，截流了合流管中的污水。配合中央部委办公楼、住宅区、使馆区的兴建，修建了行政区污水管。配合工业区的建设，完成了东郊工业区污水管及东郊工业区二路合流管、东北郊酒仙桥地区雨污水管道等工程。1958—1965 年配合工业建设大发展，建设了石景山污水管、南郊工业区污水管、化工路污水管、通惠河污水总管。配合兴建首都十大建筑，修建了对应的排水工程。1966—1978 年"文化大革命"期间，排水工程建设步伐放缓。只是配合修建地铁工程，修建了护城河改建暗渠工程，特大型雨水沟渠和一些配套的雨、污水管道工程。1976 年修建了西郊污水干线，1978 年修建了朝阳路雨、污水管道工程。配合住宅小区的建设及经济开发区的建设，修建了石景山八角地区、土城北路、劲松小区、左家庄小区等处的雨污水管道工程，上地信息产业基地、石景山高科技园区等地的排水工程。1979—1989 年，雨、污管网平均每年以 6% 的速度增长，随着住宅建筑水平逐渐提高，普及率达到 55%。1990 年以来，随着城市的快速发展，雨污合流排水体制已经无法满足人们对生活环境的发展需求，汛期大量雨水进入合流管网，不仅容易产生短时内涝，也容易形成溢流造成河道水体污染。2013 年完成新改建污水管线 359 千米。从 2015 年起，结合海绵城市建设，对现有雨污合流排水系统进行雨污分流改造，将雨水调蓄功能与地下空间排水管道相结合，新建和改建近 1800 千米的污水再生水管线。2016 年新建污水管线 1400 千米，改建污水管线 417 千米、再生水管线 105 千米。2017—2020 年新建污水收集管线 750 千米，改造雨污合流管线 60 千米，中心城区完成 40 千米排水管线消隐任务（图 4-13）。

4.1.4　实施趋势相对平稳的项目内容

实施次数持续平稳的项目包括供水工程（如供水水库、引水调水工程、自来水厂）、污水泵站、沟渠排水及防洪堤防、险工护砌工程。虽有起伏，但总体趋势较为平稳。

（1）供水水库

随着城市发展与工业建设的需求，不能满足供水的情况下试图引永定河之水，

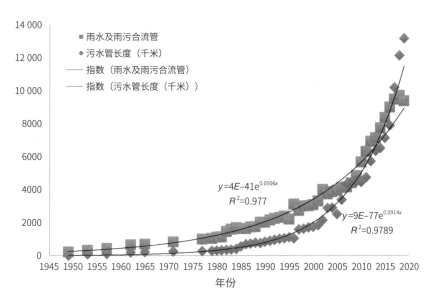

图 4-13　1949—2020 年北京下水道长度变化趋势

但历代七次引水失败的经验证明必须先根治永定河，1954 年 6 月，官厅水库建成并蓄水供水。1958 年建成怀柔水库，与京密引水渠联合运用，除供给城市生活及工业用水外，还控制郊区农田灌溉面积 105 万亩（7 万公顷）。1959—1995 年，累计供水量 121.6 亿立方米，其中怀柔水库自产水供水量 19.0 亿立方米，经怀柔水库调节转供京密引水渠来水量（有效供水部分）102.6 亿立方米。

密云水库建成于 1960 年，并在其支流怀河上修建怀柔水库。密云水库运行以来，到 1981 年不再向津冀供水，年均供水 10.27 亿立方米，平均库水位 136.91 米；1990—1995 年，年均供水 5.72 亿立方米，平均库水位 148.08 米，其中 80% 供首都城市生活和工业用水。至 1995 年累计为京、津、冀供水 302 亿立方米，其中为北京供水 170 亿立方米，北京供水中，农业用水 111 亿立方米，占 65.29%；工业、城市生活、环境用水 59 亿立方米，占 34.71%。自 1996 年开始密云水库 100% 供给工业和生活用水，不做他用（图 4-14）。水库功能也由建成初期的以防洪、灌溉为主，逐渐转为以供城市生活、工业用水及防护为主。但 1999 年以来，由于经历数年干旱，密云水库长期低水位运行，2014 年密云水库供水量 6.41 亿立方米，2015 年供水量 1.21 亿立方米，2016 年供水量仅为 0.70 亿立方米。

图 4-14 密云水库 1984—2017 年供水量

1984年白河堡水库建成后，平均每年向官厅水库补水0.78亿立方米，不仅改善了官厅水库的水质，还有效地缓解了京西地区工业及生活用水的紧张状况；向十三陵水库补水1.34亿立方米，平均每年0.1亿立方米，向延庆县农业供水0.93亿立方米，还向密云水库补水。白河堡水库已经成为北京地区重要的地表水联合调度工程之一。2002年将张坊水库作为南水北调工程的一部分纳入水源水库。

（2）引水调水工程

缺水问题带来的跨流域引水情况包括1957年永定河引水工程、1961年京密引水工程、1971年白河引水工程、1973年增建石化供水管道"燕山石化供水工程"、1977年，改河工程，自来水的使用使得河湖水完全退出了使用功能，变为游憩观赏功能。1984年引潮入城工程，1989年增建东水西调工程（又名"京西工业区第二水源工程"），2008年引调河北省黄壁庄、岗南、王快、安格庄四座水库水源，2014年南水北调中线工程江水顺利进京，实现了本地水与外调水"双水源"保障的历史性突破。并于2015—2020年开展了南水北调配套工程（图4-15），其中重要组成部分包括南干渠工程、大宁调蓄水库工程、团城湖调节池工程、来水调入密云水库调蓄工程、东水西调改造工程、东干渠工程、通州支线工程、团城湖至第九水厂输水工程（二期）、河西支线工程、南水北调配套工程水厂、张坊水源应急供水工程。山西万家寨"引黄济京"虽纳入了北京市"十二五"时期水资源保护及利用规划，但直至2019年才通水并向永定河流域引调入官厅水库和册田水库（表4-4）。

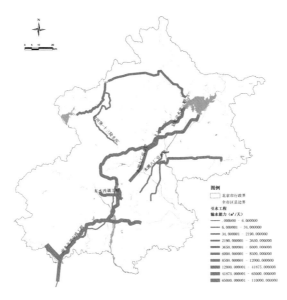

图 4-15　引水渠引水量大小分布

表 4-4　南水北调调入水量和引黄调入水量（单位：亿立方米）

指标名称	2015 年	2016 年	2017 年	2018 年	2019 年	2020 年
南水北调调入水量	—	10.63	10.77	11.92	9.85	8.82
引黄调入水量	—	—	—	—	0.92	0.52

（3）自来水厂

1957—1958 年，建成了以地下水为水源的北京市自来水水源四厂、三厂，扩大了供水范围，平衡了水源偏在城区东北角的布局（表 4-5）。1957 年城市、生活总用水量约 1.3 亿立方米。供水能力是用水量的 4 倍多。1958—1965 年，北京工业建设开始迅猛发展，工业用水量大增。此后相继建成的地表水水源六厂用于解决大郊亭地区的工业用水；地下水水源的水源五厂用于解决酒仙桥工业区的用水；以地下水为水源的水源七厂，用于解决城南马家堡地区的用水。1970 年后城市用水供需矛盾更为突出，超量开采使地下水位逐年下降，浅井干涸，深井出水量减少，加之未经处理的工业、生活污水排放，使得永定河冲积扇上的井不少都因受到污染而报废。市区地下水又处于严重超采状态，只能到远郊区县另辟水源。1979 年选择密云、怀柔、顺义三县交界地区地下水丰富带，建设了日供水能力 50 万立方米的第八水厂和日供水能力 17 万立方米的田村山净水厂，但仍满足不了需求，以致 20 世纪 70 年代末、

表 4-5　北京市早期主要自来水厂概况

主要水厂名称	位置	修建年份	水源来源	井的数量	最大输出量（立方米/天）	水质
第一水厂	东直门	1910	市区地下水	20	50 000	硬，硝酸，硫酸高负荷
第二水厂	安定门	1949	市区地下水	9	90 000	好
第三水厂	北外路	1958	市区地下水	12	280 000	好，但 2011 年供水量衰减率达到 50%
第四水厂	万泉路	1960	市区地下水	26	50 000	硬，硫酸高负荷
第五水厂	酒仙桥	1959	市区地下水	15	30 000	好
第六水厂	通惠河	1959	地表水地下水	10	225 000	工业供水
第七水厂	马家堡	1963	市区地下水	13	35 000	硬，硫酸高负荷
第八水厂	顺义牛栏山	1979	潮白河地下水	37	480 000	好，到 2010 年只有 18 万立方米的供水量
田村	八宝山	1982	地表水	—	170 000	无说明
第九水厂	怀柔花鹿沟	1995	潮白河地下水/地表水	—	1 500 000	原水源来源为地表水（密云水库河北水库）
城子	门头沟	1954	地表水	—	43 200	无说明
南口	丰台	1956	地下水	—	11 300	无说明
长辛店	丰台	1956	地表水地下水	—	43 000	无说明
通州	通州	1960	地下水	22	30 000	无说明

80 年代初市区内出现了较为严重"水荒"。当时，市区内一半以上的地区降压供水或限时限量供水，竣工的楼房 30% 因没水而无法使用，居住在清河、半壁店、十里堡、龙爪树等地的居民都半夜起来接水（北京市自来水集团有限公司，2005）。1990 年建成的第九水厂一期工程通水后，自来水的供需矛盾才得以缓解，安全稳定的供水才有了保证。1995 年自来水九厂二期工程完成，日供水能力达 100 万立方米。到 2002 年底，北京已经连续 4 年干旱，北京市政府开始实施怀柔应急地下水源，而后又建成了平谷、昌平地下水源地和房山张坊地表应急水源地。全市平均每年利用应急水源地供水 1 亿立方米到 2 亿立方米。2006 年北京市区自来水厂有 14 座，到 2020 年水厂个数达到 64 个，其中地下水供水水厂 44 个，日综合生产能力达到 606.03 万立方米（图 4-16）。

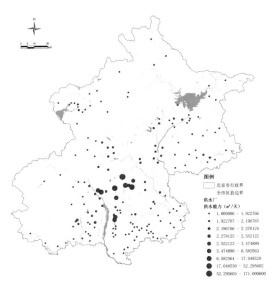

图 4-16　供水厂供水量大小分布

（4）雨水、污水泵站

北京城市污水泵站比雨水泵站建设早，始于 1954 年零号井泵站。北京市实行雨水、污水分流制后开始了排泄污水的专用管道建设，污水泵站多建于污水干线的中途或尾闾，当时一般多抽升入河或抽入农业灌渠，用于农田灌溉。城六区内主要污水泵站 1949—1957 年为 3 座，1958—1965 年主要实施了 7 座，1966—1978 年达到 13 座，1979—1989 年实施了 7 座，1990—2000 年有 12 座，2001—2010 年有 5 座，2011—2020 年有长河、车道沟、岳各庄、玉泉营等 11 座主要污水泵站。

（5）沟渠排水

天然的小水道称沟，人工挖掘的水道称渠。沟渠排水项目包含旧城区明沟改暗渠等工程和近郊区排水疏浚工程，发展路径持续平稳。旧城区自 1949 年以来，逐渐对御河、大明壕（南北沟沿干沟）、前三门护城河、泡子河、东沟、安定门、东直门、朝阳门等水关处排水沟、龙须沟、南护城河减水河、正阳门外三里河等沟渠进行疏浚并明沟改暗沟。近郊区自 1949 年以来，以排水疏浚改造为主由区县管辖的有仰山大沟、西半壁店沟、造玉沟、大柳树沟等。以排水为主已改建成下水道由市政部门管辖的有东半壁店明渠、西直门外明沟、会城门明沟、青年沟、农大明沟等。

（6）堤防

堤防指沿河、湖等岸边或行洪区、分洪区、围垦区边缘修筑的挡水建筑物。根据资料记载，防洪堤岸与险工护砌等堤防工程以永定河为最多，潮白河、温榆河—北运河次之。2010年堤防总长度为1545.87千米，其中5级及以上堤防（防洪（潮）[重现期（年）] ≥ 10）工程长度为1407.89千米，全部为已建工程。到2020年，堤防长度1615.13千米，主要分布于通州区、顺义区和房山区。

① 永定河：永定河的"堤防效应"明显，1952—1956年及1960年对永定河卢沟桥以上左堤进行探查，从20世纪60年代后期开始分7次对上游左堤进行加固（图4-17，其中大规模施工有1967年、1969年、1973—1974年、1976年、1983—1984年5次（表4-6）。2000年，因1998年三江大水后国家加大了水利工程建设的力度，完成了永定河卢沟桥以下堤防综合治理工程及其他治理工程，并对现状堤防尚未护砌的堤段进行护砌、加固，改善交通（表4-7）。

② 潮白河：1950年修复了两岸堤防和疏挖；到1971年，按照10年一遇510～1038 m³/s、20年一遇850～1285 m³/s及50年一遇1155～1770 m³/s修建堤岸；1976年加固堤防达到50年一遇，出滩造地；1978年，顺义县河南村至通县大沙务村，右堤进行加高培厚并适当裁弯取直，全线复堤长48.26千米，堤顶宽8米，高于50年一遇水位线1.5米；1989年左堤西移，加大堤距为400米；1992年部分裁弯取直，

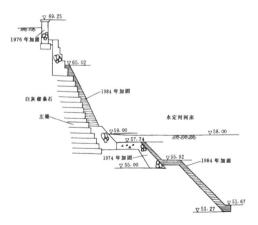

图4-17 永定河卢沟桥以上左堤加固标准断面图

（资料来源：北京水旱灾害，1999）

1991—1995 年，潮白河开发利用工程开工，为促进沿河经济，堤顶沥青路面施工实现 60 千米，从密云宁村到通州白庙，筑路堤 180 千米，护岸 30 千米左右。

③ 温榆河：1991 年以前未筑堤，1991—1995 年两岸筑堤 27.7 千米，铺设堤顶渣石路面 25.6 千米，白各庄、黎各庄、泗上等处混凝土方砖或碎石险工护砌 8050 米。其中蔺沟口以下至北关闸按 20 年一遇 975 ~ 1450 m³/s，50 年一遇洪水位校核 1562 ~ 2055 m³/s，堤顶高为 50 年一遇洪水位加超高 1 米，左堤顶宽 7.5 米，右堤顶宽 5.5 米，堤距约 300 米，筑堤长约 66 千米；北关闸至京承铁路桥右堤关系通州市区安全，所以堤顶高程超过洪水位（23.13 米），达到 25 米。

④ 北运河：1949 年以后，分别于 1950、1972—1974、1976、1977—1978、1989、1992、1993 年对北运河流域堤岸进行了培修，现两岸堤长 182.94 千米（表 4-8），堤距约 400 米。

表 4-6　永定河卢沟桥以上堤防工程

年份	1966	1967	1969	1973—1974	1976	1982	1983—1984	1992—1994	2000—2001
堤防工程	石堤维修加固 5 千米	卢沟桥至衙门口段左堤加高工程	卢沟桥衙门口段、庞村段左堤基础加固工程，以及石景山以北至麻峪村间修建新堤	卢沟桥至庞村段左堤加高加固	卢沟桥以上至石景山段左堤加高加固	卢沟桥韩家铺至辛庄段左堤加固	卢沟桥至双峪路口左堤加固工程，辛庄至十里铺段左堤加固	三家店至卢沟桥段河道加宽、渠化，新筑右堤并护砌	三次护砌京门铁路桥至广宁路漫水桥左岸

表 4-7　永定河卢沟桥以下堤防工程

年份	1964	1977—1983	1981—1982	1982—1983	1990—1999	2000
堤防工程	险工段改造成永久性浆砌块石护岸、护坎工程	汛前左堤加固卢沟桥至大兴县韩家铺，右堤土堤改石堤	汛前完工左堤加固自韩家铺至辛庄	汛前完工左堤加固自辛庄至十里铺；左堤复堤加高培厚，十里铺至崔指挥营；右堤复堤加高培厚，永立桥至窑上村	加大砌护，形式为铅丝石笼与防冲墙	永定河全线干堤加固工程和堤防综合治理工程

表 4-8　温榆河至北运河堤岸修建内容列表

河系	区县	左岸		右岸	
		长度 / 千米	起止地点	长度 / 千米	起止地点
温榆河	昌平	16.4	沙河闸—鲁瞳闸	21.0	沙河闸—鲁瞳闸
	顺义	14.7	鲁瞳闸—楼台南	2.7	鲁瞳闸—清河口
	朝阳	—	—	18.6	辛堡闸—坝河口
	通州	13.8	楼台南—北关闸	3.45	坝河口—北关闸
北运河	通州	34.5	北关闸—牛牧屯引河口	34.6	北关闸—金坨村正西套堤
运潮减河	通州	11.75	引河口—入潮白河	11.44	裹头尖—入潮白河

4.1.5　周期性持续实施的项目内容

研究阶段内,湖泊整治、河道排水与断面调整项目呈周期性变化特征。具体发展背景与过程如下。

（1）湖泊整治

北京市 1949—1957 年开始全面整治河湖水系,组织力量先后清挖了北、中、南三海,积水潭、什刹海、前海和西小海（四海）,筒子河、金鱼池等。将窑坑、洼地的紫竹院、陶然亭、龙潭湖等扩挖成湖。1958—1965 年结合大搞环境卫生、迎接建国 10 周年,对许多环境卫生恶劣的臭水坑进行了疏浚、改建及新挖。先后形成新湖泊 19 处,水面面积达到 153 公顷,使市区湖泊总数达到 31 处,总水面扩大到 600 公顷。但在 1966—1978 年,由于管理混乱、填湖建房,湖泊由 31 处减少至 23 处,总水面面积约剩 500 余公顷。1979—1989 年重新考虑疏挖陂塘系统。1990—2000 年,伴随着城市建设的不断发展和河湖的治理,湖面面积有所增加。2001—2010 年城区共有湖泊 22 处,总面积达到 640 公顷。2011—2020 年北京市湖泊继续增至 36 处,城六区绝大部分湖泊实现由再生水作为补给水源。

（2）河道排水与断面调整项目

两者相辅相成,变化趋势相似。受河湖规划变化频繁这一特征的影响,其实施特征也随之变化。

中华人民共和国成立初期,天然河道为原始断面,呈不规则形状。1949—1957 年,对河道土坡开挖调整,多为梯形和矩形断面,提高北京清河、通惠河、坝河和凉水河四大规划排水流域的排水洪峰流量标准。坝河于 1950—1952 年按照 5 年一遇进行疏浚,凉水河自 1952 年进行治理,主河道按 10 年一遇洪峰排水标准疏挖。1958—1965 年,继续调整改造,提高河道横断面设计标准,但实际规模与规划有出入,预设的实施内容被打乱。之后 1966—1978 年,实施频数较高,受两方面因素影响,一方面城市为地铁、人防和建筑用房腾地而实行盖板东、西护城河与前三门护城河等盖板河工程;另一方面早期疏挖治理的河道再次淤积,尤其"63·8"洪涝的灾后反馈,进而实施河道扩疏工程,缓解排水压力。随着工业的发展,水泥产量的增加,20 世纪 80 年代末,采用混凝土护坡的河道渠化工程日见增多,1990—2000 年,现浇混凝土护底、护坡及预制混凝土护坡等在京城中比比皆是,河道排水与断面调整项目逐渐融为一体,城市河湖水系整体向着花园式方向发展。进入 21 世纪,城市河道断面排水系统尝试由园林属性转为生态属性,并调整护坡材质,采用石笼、木桩挡墙等防护水岸受排水水流冲刷侵蚀,如北护城河、新开渠、清河等水系(图 4-18)。

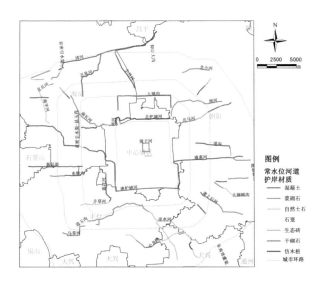

图 4-18　北京城市河道断面护岸材质现状分布图

4.2 各阶段热点空间及特征

北京城市涉水规划实施特征的第二个方面是对实施热点空间展开分析，根据规划的 7 个阶段，以及内容分析法所获取的频数数据，将涵盖地理信息的涉水规划实施项目内容按照地点落入空间地图上。因考虑到工程实施上的力度悬殊，所以赋值根据两个方面的考量，一方面是实施次数，另一方面是实施对象的范围，将实施对象各时期周长范围作为参数（数据源自 1951 年、1971 年、1985 年、1992 年、2010 年、2020 年 6 期遥感数据），最终将赋值采用 GIS 工具空间插值法予以生成。由于各阶段的颜色等级保持相同，通过颜色深浅即可直观判别热点空间位置。颜色等级随阶段性变化不断加深，整体上各阶段实施热点空间趋势与时间趋势吻合，呈现 1949—1957 年色彩较淡，1958—1965 年颜色有所加深，1966—1978 年回落，之后不断加深，到 2011—2020 年颜色最深（图 4-19～图 4-25）。

4.2.1 1949—1957 年实施空间格局

中华人民共和国成立初期阶段是水环境整修恢复与水利初步建设时期，空间色彩相比其后时段较淡，但基本呈现三大片区的特点。

第一片区位于门头沟、石景山地区永定河官厅山峡一带，实施热点空间主要由该阶段较密集的永定河治导工程形成。第二片区位于永定河平原区，由官厅水库、房山小清河上崇青水库、大兴天堂河上埝坛水库、永定河引水渠的开发建设，以及大都市区治导工程的共同作用形成。第三片区位于北运河流域，其中在中心城区东面通惠河与凉水河下游之间形成颜色较深区域，说明这一空间位置是实施次数的热点，形成这一片区空间格局的主要对象包括以下方面。

点状湖泊水厂的修建：西护城河污水泵站；城区第二水厂、城子水厂、南口水厂、长辛店水厂；疏挖中南海和北海、什刹海、玉渊潭湖、金鱼池、陶然亭洼地、龙潭湖、展览馆后湖，并衬砌护岸、修筑精致小型码头；修建玉泉山、颐和园、西直门三岔口、松林闸、西直门等节制闸分水闸。

线性水系的疏浚：疏浚引玉泉山水进城的金河和长河，疏浚西北护城河、疏浚筒子河、玉带河及其上下游的织女河和菖蒲河；疏浚南旱河，疏浚 5 年一遇坝河，疏浚北小河、疏浚清河；1950 年修建北运河堤岸，1951 年疏挖港沟河，1955 年开挖新凤河、疏浚右安门至马驹桥凉水河段和凉水河下游，疏挖顺义排水沟；开挖南护城河分洪道，疏挖通惠河；疏浚莲花河，开挖新开渠、万泉河。

面状区域的整治：通县（现通州）沟洫台田防止土壤盐碱化，这一治理途径仅在这一时期表现明显，并有所提及。

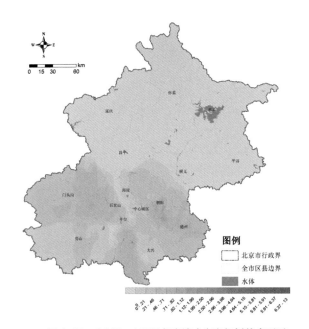

图 4-19 1949—1957 年实施内容空间插值表面图

4.2.2 1958—1965 年实施空间格局

本阶段是大规模水利建设和调整规划时期，实施空间格局特征是以中心城区为核心形成一个片区，并分别在东、西、南、北四个方向再形成 4 片热点空间。

中心城区本身作为一片实施热点空间，内部主要实施对象，或称共同产生热点效应的实施内容包括：修建第三、四、五、六、七水厂、通州水厂，以及右安门橡胶坝，高碑店水闸等点状空间；疏挖太平湖、北郊四湖、红领巾湖、团结湖、东风湖、东大桥湖、工人体育场湖、青年湖、久大湖、人定湖、炮司湖、水碓湖、昆明湖；注淀改造龙潭湖、紫竹院湖、陶然亭湖、玉渊潭、八一湖、展览馆后湖，构成面状空间。

中心城区北部片区位于海淀、昌平、朝阳三区交界部分，空间内部实施对象以线性空间为主，包含京密引水渠修建，以及1963年洪灾后对清河流域排水系统的治理工程。

东部片区位于南护城河—通惠河流域一带及市区东南郊，空间内部实施对象包含南护城河按照20年一遇防洪标准挖河，疏浚凉水河、新凤河，温榆河响水峪水库，以及北京第一次"东南郊除涝大作战"阶段所开挖的凤港减河、龙凤减河、运潮减河，兴建的九台沟排水工程、凤河护稻埝和兴隆庄排水站、梁家务排水站、顺（义县）三（河县）排水工程、通（县）大（兴县）排水工程等。

南部片区位于卢沟桥以下永定河—小清河流域，共同产生热点效应的实施内容包括丰台区小清河流域大宁滞洪水库，以及永定河平原区立垡、前辛庄、葫芦垡、南地、赵村、韩家铺几个地带河道治导丁坝维修工程；田营礼贤、团城大马房边界排水工程；开挖新天堂河、龙减河等项目内容。

西部片区位于卢沟桥以上永定河官厅山峡一带，其中主要由门头沟区小清河流域栗榛寨水库和永定河珠窝水库的修建共同产生热点效应。

此外，官厅水库、密云水库和潮白河顺义段一带也有相对较明显的颜色分布，

图4-20　1958—1965年实施内容空间插值表面图

说明该三处空间是次一级热点实施空间位置。产生热点效应的实施内容包含官厅水库溢洪道建设、密云水库建设、修建顺义城北减河入潮白河、修建南彩导洪沟排入潮白河，以及修建沿潮白河及其支流东沙河、北沙河水系的水库。

4.2.3 1966—1978 年实施空间格局

这一时期是水污染重视与水系填垫时期，整体上，该阶段规划停滞与实施混乱，热点颜色层级较低。防洪排水规划实施占据主体地位，热点空间格局较分散，特征如下。

①以永定河为主轴的实施热点片区：在此期间，6 次加固永定河上游左堤，2 次对永定河卢沟桥以下堤岸进行修缮及险工护坡工程，共同形成 6 处热点空间。②城区四大排水河道共同形成实施热点空间：凉水河水系实施热点空间，受第二次"东南郊除涝大作战"的影响，加大了排水工程实施，空间内主要实施内容包括疏挖凉水河主干、凤河、港沟河干流、凤河排水支沟、凤港减河，修建拦河闸；坝河流域于 1966 年、1971 年和 1975 年三次疏挖坝河及支流北小河；通惠河流域疏浚通惠河闸以西干流河道；为分散城市西部山区、南旱河及京密引水昆玉段的洪水入清河，

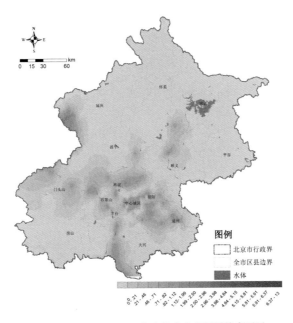

图 4-21　1966—1978 年实施内容空间插值表面图

对于北部主要排水河道清河进行了疏浚和 7 处裁弯取直。③中心城区实施热点：城区地下水打井数量骤增，太平湖、金鱼池、东风湖、东大桥湖、炮司湖、十字坡湖、展览馆青年湖、部分莲花池填湖工程，以及前三门护城河、东护城河、西护城河盖板工程，共同作用形成热点。④潮白河冲洪积扇片区：潮河、白河及潮白河流域水库修建，1971 年、1976 年和 1978 年三次潮白河堤防工程、裁弯取直，以及三度疏挖东牤牛河，共同形成了该热点片区。⑤温榆河—北运河水系一带热点空间：北运河堤岸的三次修建改造，温榆河梯级蓄水闸坝建设和北运河梯级蓄污工程形成了温榆河—北运河次级热点空间。

4.2.4　1979—1989 年实施空间格局

这一阶段的规划属供需矛盾调整时期，在实施上河湖整治与雨水排除工程占主导地位，整体而言，实施热点空间包含以下三大片区。

第一大片区位于永定河官厅山峡一带：以蓄为主的水库建设产生主要的热点效应，包括石景山区永定河上南马场水库、平谷区错河上燕落水库、门头沟区下马岭河上龙口水库。

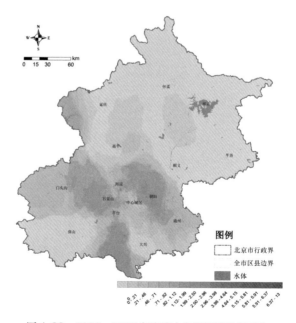

图 4-22　1979—1989 年实施内容空间插值表面图

第二大片区位于永定河卢沟桥以下和小清河流域，热点空间内主要实施对象为永定河卢沟桥以下三次修筑堤和卢沟桥分洪枢纽工程（含大宁滞洪水库、小清河分洪闸和永定河拦河闸）。中心城区北部色块源于北护城河改河治理向清河、坝河分洪，均按 20 年一遇防洪标准疏浚；疏浚万泉河、建节制闸 3 座；疏浚小月河及小月河污水截流管；按 20 年一遇防洪标准疏浚亮马河。

第三大片区位于清河、坝河、通惠河及凉水河四大排水河流域。主要热点实施内容包含以点状结构分布的实施工程：第八水厂、高碑店节制闸改建、玉泉营泵站、堡头泵站、西南三环泵站、小龙河泵站、丰台泵站；以线状结构分布的河流治理工程：20 年一遇北护城河一期改河工程、北护城河二期治理工程、20 年一遇南护城河整治工程、20 年一遇通惠河上段整治工程、新开渠治理工程、20 年一遇大红门闸改建工程、莲花河、土城沟治理工程、土城沟治理工程（祁家豁子以东）。

此外，次级热点空间分布于潮白河冲洪积扇、燕京啤酒厂井群、通州水厂井群、顺义区二、三水厂井群、东方化工厂井群、怀柔备用地水源地井群共同作用形成这一片区。

4.2.5　1990—2000 年实施空间格局

相较其他阶段，这一时期的实施热点空间整体集中在北运河流域。受河湖整治规划实施的主导影响，一方面，1992 年潮白河裁弯取直，1995 年潮白河开发利用工程，1991 年温榆河堤岸、1992 年北运河堤岸、1993 年北运河堤岸护坡及疏浚凤港减河成为郊区实施热点空间的主要因素；另一方面，风景观赏河道、排水河道及水源河道的治理是形成该阶段市区实施热点空间的主要因素，具体表现对象如下。

风景观赏河道南环：昆明湖—玉渊潭—南护城河—通惠河花园式河道环；北环：长河—北护城河—亮马河—水碓湖—通惠河花园式河道环；土城沟花园式河道；永定河引水渠（电站闸—罗道庄）、双紫支渠下段（京密引水渠—长河）、体育馆水系上段（亮马河—东直门大街）、清河（安河闸—清河镇）、万泉河（万泉庄—清河）、坝河（东北城角—酒仙桥）、通惠河（高碑店湖—通县）、莲花河（莲花池—万泉寺铁路桥）、凉水河（万泉寺铁路桥—大红门闸），以及橡胶坝与水闸的点状实施。

水源河道：永定河引水渠的市区部分和南旱河。

排水河道：中心城区旧沟改造，坝河、清河、凉水河、北旱河、小月河、沟泥河、

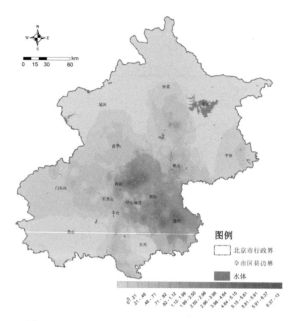

图 4-23　1990—2000 年实施内容空间插值表面图

北小河、亮马河下游、新开渠、水衙沟、丰草河、马草河、小龙河、大柳树沟、萧太后河上段、大羊坊沟的整治工程。

4.2.6　2001—2010 年实施空间格局

这一时期，河湖整治与雨污排除的规划实施所占比重较大，所形成的实施热点空间格局主要集中在 4 个片区。

一是以官厅水库为核心的周边区域。官厅水库治理、南水北调工程、白河堡水库引水工程、官厅水库水源地保护实施是形成这一空间结构的主要因素。

二是以永定河主河道为轴的周边空间。由于永定河卢沟桥以下断流，永定河绿色生态廊道建设形制下再生水回补、卢沟晓月补水工程、园博园等永定河湿地建设，以及永定河泛区共同形成这一热点区域。永定河绿色生态廊道建设了莲石湖、门城湖、宛平湖、晓月湖和循环管线"四湖一线"工程。

第三块片区，也是实施次数最多、面积最广的片区，分布于部分北运河流域，具体北至南沙河，西至南旱河，东至温榆河及北运河水系，南抵凤港减河。形成这一格局的实施对象包括：引温入潮二期工程；昌平沙河等 7 处生态湿地；清河、北

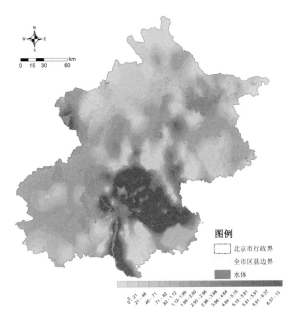

图 4-24 2001—2010 年实施内容空间插值表面图

土城沟、马草河、丰草河、旱河、人民渠、新开渠、莲花河、亮马河污水截流工程、
清河西三旗污水管线工程；转河、西坝河节流工程；亮马河、坝河、莲花河、六环
以内河道暗沟、六海、凉水河下段、清河、北护城河、坝河、清河导流渠、仰山大沟、
二道沟、北护城河治理工程；城中心区水源置换工程；清河、凉水河、中南海—筒
子河—北海三个水循环工程；4 座滨河森林公园、昆玉河景观河道、太平湖景观河道、
北护城河景观河道、三海子郊野公园。

　　第四块片区是密云、顺义一带的潮白河流域。密云水库水源保护地及潮白河干
流水源涵养保护带建设工程、潮白河水环境治理几个重要项目的实施奠定了这一空
间格局的形成机制。

　　但这一时期形成的实施空间格局并不局限于这四个片区，还可以看到全市范围
内很明显的深浅颜色分布，因为这一时期：①污水处理厂、再生水厂实施扩展到各
区县、新城等城镇；②应急水源地、村镇供水水源地和 10 个新城集中供水地下水源
地保护区的供水实施建设影响；③建设环中心城区两道绿化隔离带内森林公园涉水
项目及风景河道的湿地公园，如南大荒、麻峪、稻田、翠湖、柳林、清河、马泉营、
妫水公园、三里河、南彩、汉石桥等 14 处湿地。

4.2.7　2011—2020 年实施空间格局

本时段远郊地区的实施力度逐渐加强，包括生态清洁小流域和水源保护实施工程等空间分布特征：京冀密云水库水源保护，京密引水渠保护，永定河绿色发展带"五湖一线"、永定河综合治理与生态修复、官厅水库八号桥水质净化湿地、南水北调配套密云水库调蓄工程、大兴支线主干线和亦庄调节池扩建工程，密怀顺地下水源地试验性补水工程。

核心实施空间集中分布于沙河以南、永定河以东、凉水河以北、温榆河以西的范围，显著空间表现为这一时期主要实施的南水北调配套的输水南干渠工程、东干渠工程，调蓄作用的大宁水库调蓄工程、团城湖调节池和水厂工程第十水厂、通州水厂和黄村水厂等，以及治污作用的再生水厂、污水处理厂等新建和升级改造分布区域。

与防洪排涝相关的通州堰防洪工程、温榆河综合治理、宋庄蓄滞洪区、北运河（通州段）综合治理，西郊雨洪调蓄工程空间分布体现也较为明显。

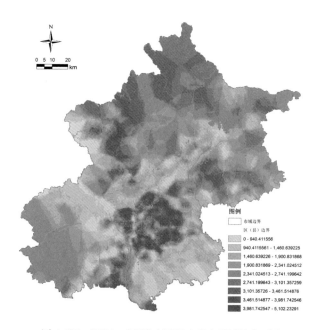

图 4-25　2011—2020 年实施内容空间插值表面图

4.2.8 总体实施空间格局

综合各阶段实施热点,总体空间热点前期分布于北运河流域和以卢沟桥为划分点的永定河上下游片区,后期永定河官厅山峡流域片区热点减弱,潮白河及其冲洪积扇地下水分布区的热点增强(图4-26)。从另一个角度来看,整合1949—2020年实施内容的地理信息,采用 GIS 空间分析工具中的密度分析法,密度分布较高的区域集中于沙河以南、永定河以东、凉水河以北、温榆河以西的范围,北运河水系、凉水河水系、永定河冲洪积扇、潮白河冲积扇和温榆河冲积扇也分布较突出。

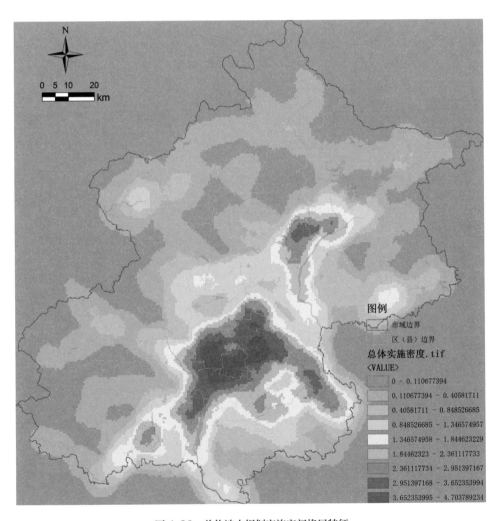

图4-26 总体涉水规划实施空间格局特征

大都市区涉水规划与实施的
时空一致性

规划内容的实施并不意味着一定能够实现规划目标，甚至也会产生负效应。规划目标的实现比规划内容的实现更重要。本章对涉水规划内容与实施情况从时空层面进行定性、定量分析，以探讨涉水规划对景观格局与生态过程的作用机制。技术路线图如图 5-1 所示。

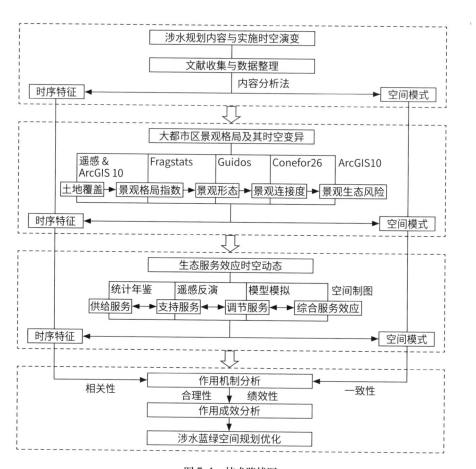

图 5-1　技术路线图

5.1 涉水规划内容与实施的一致性

针对多期已完成一段时间的规划的实施情况展开评价，选取内容和空间一致性评价规划实施结果。内容结果评价参考土地利用规划实施评价中曲线拟合法，应用数理统计，多期的结果评价指标反映在数学上是一条曲线（折线）。选取从内容分析法中析出的规划目标（即试图解决的问题）内容频数，并将其和实际实施内容频数看作序列数据，这样规划指标和实施指标就有两条曲线。将规划指标对应的曲线作为理论值检查与现状曲线的拟合程度，检查方法可以采用后验差检验的方差比、相关系数及置信度等统计检验指标来反映目标与结果相吻合的程度。

然而，规划的运作是连接目标与行动、理想与现实的协商、互动过程的一部分。针对规划、实施、项目三类从抽象到具体、从一般到特殊的评价要素，考虑到曲线拟合评价仅针对规划实施的结果展开，但结果可能受复杂性和不确定性因素的影响，产生消极的或积极的效果。因此，在此提出融合应用性和合理性的整体化、系统化的"规划—实施—项目"规划评估模型，强调对规划过程的评价，这是指在明确规划目标与措施关系的前提下所采用的因果分析方法。通过分析人口、经济梯度，人均水资源量变化，供水、需水、用水、耗水、排水之间的联动关系，检验各规划目标与措施的对应关系，查找目标未能实现的原因，分析影响规划实施的各种因素，找出规划实施进展快慢的原因。

根据 5 类规划与实施曲线拟合结果来排序，实施执行度情况是：河湖整治规划与实施情况拟合最好，其次是防洪规划与实施情况，均满足 95% 置信度的线性拟合关系。之后依次是水源供水规划与实施、雨水排除规划与实施，以及拟合较差的污水排除规划与实施。总体涉水规划与实施两条曲线的拟合分析结果如表 5-1 所示，满足 95% 置信度的线性拟合条件。

5.1.1 河湖整治规划与实施评价

河湖整治规划与实施曲线在趋势上较为一致，满足 95% 置信度（表 5-2）。但在 1966—1989 年两个阶段曲线一致性发生偏差，实施与规划之间的深度差值出现了逐渐放大而后缩小的趋势。

表 5-1　曲线拟合分析结果

规划内容	置信度（95%）	相关系数
河湖整治规划与实施	0.018	0.89
防洪规划与实施	0.039	0.834
水源供水规划与实施	0.119	0.703
雨水排除规划与实施	0.22	0.588
污水排除规划与实施	0.248	0.559
总体情况	0.027	0.864

表 5-2　河湖整治规划与实施曲线拟合结果

模型汇总[b]										
模型	R	R^2	调整 R^2	标准估计的误差	更改统计量					Durbin-Watson
					R^2 更改	F 更改	df1	df2	Sig. F 更改	
1	0.890[a]	0.792	0.739	29.056	0.792	15.193	1	4	0.018	1.850

a. 预测变量：（常量），河湖整治规划
b. 因变量：河湖整治实施

系数[a]										
模型	非标准化系数		标准系数	t	Sig.	相关性			共线性统计量	
	B	标准误差	试用版			零阶	偏	部分	容差	VIF
1　（常量）	−10.540	26.540		−0.397	0.712					
河湖整治规划	9.411	2.414	0.890	3.898	0.018	0.890	0.890	0.890	1.000	1.000

a. 因变量：河湖整治实施

　　具体根据流程框架分析，规划与实施不一致情况包括：航运计划与结果不一致，虽详尽规划与设计并未实施，包括对外通航运河（京津运河、东北部运河、京白运河、京昌运河）和市区通航路线。河湖水利网未实施完全，原因在于 1966 年后，为配合地铁二期工程和扩大建设用地，进行了一系列城市河湖填埋工程（表 5-3 和表 5-4）。随着前三门护城河改为暗河，北京西郊洪水则需要全部由南护城河分洪。发生填埋河湖这一决策变化的原因较为突然，受人防系统和对土地价值尤其是中心城区土地价值的驱使，本身并未对未来予以过多的适应性考量；航运未实施，对于这样的变化，感知满足航运的需水量较为困难，在提前预估的情况下未予以开展。

规划实施合理性方面，河湖整治存在 6 个实施阶段：1949—1957 年以疏浚、疏挖解决河湖垃圾淤积恶臭问题为主。1958—1965 年以"蓄"为主开挖窑坑洼地为湖泊，连通水系。而后经历 1966—1978 年用地问题填湖改暗河后，1979—1989 年受排水目标的限制，也为给工业污水寻找出路，对河流地貌系统的人工化改造，不少河流甚至变成了排污导污沟。这一时期的主要表征，一是调整平面布局，裁弯取直，河道横断面几何规则化，变成梯形、矩形、台阶型断面；二是河床材料的硬质化；三是增加闸坝，调蓄洪水。1990 年后对河流的人工改造又出现新的倾向，"河流商业包装"和"河流园林化"，即种草植树、打造主题文化、截流污水，在渠道化的河流外观上做些绿色处理，营造城市形象，是继河流渠道化以后新一轮的河流人工化。2001—2010 年和 2011—2020 年，在"园林化"的基础上，恢复河湖湿地，扩大湿地公园。可以发现，各阶段各有侧重，但前瞻性和衔接性不够，发展和实施方面缺乏相互借鉴和利用，河湖的填埋和再现，水系的导污和截污，解决用水、排水、污水方面在酝酿和准备的过程中显得过于仓促，存在被动应付的局面。仍须加强河湖水系规划管理及周边环境综合整治，构建蓝绿交织、水城共融的水系格局，提高城市水系及两岸滨水绿道的贯通性、可达性、亲水性，打造功能复合、开合有致、活力宜居的滨水空间（图 5-2）。

表 5-3　北京城市河道填埋情况

序号	河名	起止地点	填埋年月	长度 / 千米	备注
1	前三门护城河	西便门至东便门	1965.7	7.74	改暗河
2	西护城河	西直门北至西便门	1965.7；1971	5.22	改暗河
3	东护城河	东直门北至东便门	1974	5.92	改暗河
4	西南护城河	西便门至甘雨桥东	1985	0.36	改暗河
5	西北护城河	三岔口闸至新街口桥西	1965.5	0.86	改暗河
6	转河	高梁桥至三岔口闸	1975	1.98	河裁弯取直改暗河
7	御河	地安闸至忘恩桥	1956	3.85	改下水道
8	织女河	日知阁东墙至水榭湖	1970	0.473	改暗河
9	莲花河	孟家桥至南护城河	1969	1.472	全部填埋

表 5-4　北京城市湖泊填埋情况

序号	湖泊名称	地点	成湖时间	填埋时间	填湖面积/公顷	填湖原因	备注
1	太平湖	新街口外	1958	1971	12.4	地铁车辆段占用	全部填埋
2	金鱼池	天坛北	1951	1967	4.15	填湖建房	全部填埋
3	展览馆东	北京展览馆	1958	1966—1969	2.3	填湖建房	全部填埋
4	东风湖	建国门外	1958	1966—1967	3.36	疏浚南护城河排泥塘	全部填埋
5	东大桥湖	朝外东大街	1958	1972	1.2	建地铁拆迁	全部填埋
6	十字坡湖	东直门外	1958	1972	2.0	填湖建房	全部填埋
7	炮司湖	德胜门外	1958	1974	3.1	填湖建房	全部填埋
8	青年湖	广安门外	1949 年前	1984	2.3	建棒球场	部分填埋
9	莲花池	广安门外	1949 年前	1966	4.9	地铁施工弃土	部分填埋
10	玉渊潭	玉渊潭公园	1949 年前	1978	10.13	修建景区	部分填埋
11	昆明湖	颐和园	1949 年前	1967—1978	26	疏挖引水渠弃土	部分填埋

（a）1953 年　　　　　　　（b）1988 年　　　　　　　（c）2013 年

图 5-2　北京护城河整治方式变迁（a：1953 年；b：1988 年；c：2013 年）

5.1.2　防洪规划与实施评价

防洪规划与实施曲线趋势中，线性拟合较好，满足 95% 置信度（表 5-5），所以在整体目标上，结果与最初方案的一致性较好。值得注意的是，实施曲线高于规划曲线，源自决策制定者受洪水灾害现象的客观变化因素而产生突发性防洪加强。1963 年和 1994 年北京暴雨气候及 1975 年河南发生的暴雨灾害是造成结果与最初方案存在差异的主要原因，这种防洪巩固和增强的应用变化是由于决策环境发生改变而触发决策制定者被动发生改变，并未被预测到。具体客观变化所带来的应用如下。

1963 年特大洪水灾害，比常年同期多近两倍，给沿岸村庄及农田和城区造成很大的灾害。毛泽东主席于同年 11 月提出"一定要根治海河"。水利电力部随即部署，提出"63·8"雨型，据此，于 1964—1967 年，将防洪标准由 250 年一遇提高到 600 年一遇，并于 1967—1974 年，分几次对卢沟桥以上左堤加高加固，堤顶达到比百年一遇防洪标准高出 1.0 米，当河水水位达到与堤顶齐平时，河道可通过 10 000 m³/s 的洪峰流量。

河南 1975 年 8 月的特大洪水和 1976 年 7 月的山洪灾情，引发"永定河如出事将影响首都安全"的思考，北京市水利气象局立即提出"北京市永定河三家店至卢沟桥段抗洪能力复核及措施"及"官厅水库抗洪能力复核及措施"，制定了自石景山至卢沟桥的左堤按可能最大洪水 16 000 m³/s 加高加固、官厅水库大坝加高 1 米、防浪墙加高 2 米的临时保坝措施。水利电力部北京勘测设计研究院提出"官厅水库防洪能力复核及工程措施意见"，要求再次扩建溢洪道，由原来的 20 米扩至 52 米，并于 1979 年 9 月至 1985 年修建。

1994 年 7 月 12 日特大暴雨，使北运、蓟运等河系相继涨水，造成直接经济损失 63 亿元。1996 年完成市区防洪排水规划，1997 年完成永定河 1 号管架桥加固和堤防治理工程。

表 5-5　防洪规划与实施曲线拟合结果

模型汇总[b]									
模型	R	R^2	调整 R^2	标准估计的误差	更改统计量				Durbin-Watson
					R^2 更改	F 更改	df1	df2	Sig. F 更改	
1	0.834[a]	0.695	0.619	14.926	0.695	9.128	1	4	0.039	2.638

a. 预测变量：（常量），防洪规划
b. 因变量：防洪实施

系数[a]										
模型	非标准化系数		标准系数	t	Sig.	相关性			共线性统计量	
	B	标准误差	试用版			零阶	偏	部分	容差	VIF
1　（常量）	17.900	12.488		1.433	0.225					
防洪规划	24.700	8.176	0.834	3.021	0.039	0.834	0.834	0.834	1.000	1.000

a. 因变量：防洪实施

规划实施合理性评价方面，规划实施的侧重性较强，工程治洪比例过高，占到77.53%，缺乏相互平衡与借鉴；对防洪系统的分析边界较为一成不变，体现在单方面提高防洪堤、坝顶高度和水库库容，受这一背景逻辑结构的牵制，限制了主导框架的改变幅度。滞洪理念随问题导向而发生变化：1950年、1954年、1955年、1956年、1958年、1959年夏季连续洪水泛滥，导致受灾面积不断加大。也随之加大防洪规划实施力度，并开展治导工程。1958—1965年实施拦蓄工程，以蓄为主开展防洪治理，1963年的特大洪灾更是为大规模的水利建设造势。1966—1978年河道行洪能力与湖泊洼地的洪水调蓄能力萎缩，大都市区同流量下洪水位持续抬高，防洪堤、坝不断加高加固，堤防的依赖性加大；20世纪80年代后，泛滥洪水的成灾面积减少，而内涝成灾的面积增加。逐步引入"洪水风险"概念，从尚未发生但可能存在风险的角度，相关部门研究认为，永定河流域的地理、气象因素有发生类似于河南特大暴雨的可能性，提出"关于提高永定河防洪能力确保首都安全的请示"。洪水风险区内人口资产密度高，水灾损失会加重，而城市防洪除涝标准偏低。这一时期以分洪滞洪（改建小清河分洪闸，扩建大宁水库为滞洪区）和修缮加固水库为主，继续加高加固堤坝。2001年后弱化大规模水利建设的一些优势，逐步开始尝试有风险的洪水规划模式，采取蓄滞洪区及修复河漫滩湿地等保育和恢复机制的处理做法，但市场经济体制下民主法制等一套可依赖的条件又尚未完全形成，传统水利规划、设计与投入、管理的体制，存在与现代水利的发展需求不相适应的矛盾。还须加快实现复合利用、功能融合，科学安排行蓄洪（涝）空间。

5.1.3　水源供水规划与实施评价

水源供水规划实施结果与最初方案有一定的出入，各时期均有不一致性，线性拟合程度不满足95%置信度（表5-6）。主要表现在用水结构和水资源配置的不一致方面。

1949—1957年，这一时期地下水分布的情况不明，北京市水量要求为5.6 m³/s，除地下水6 m³/s，官厅水库、永定河引水20 m³/s，潮白河引水30 m³/s。从规划中可以看出是以地表水为主要供水对象，但未预料官厅水库自建库以来冲沙淤积、来水量少，引永定河供水受影响，进而引发对径流环境的担忧而未能按规划实施地表水

表 5-6　水源供水规划与实施曲线拟合情况

模型汇总[b]										
模型	R	R^2	调整 R^2	标准估计的误差	更改统计量					Durbin-Watson
					R^2 更改	F 更改	df1	df2	Sig. F 更改	
1	0.703[a]	0.494	0.367	20.841771	0.494	3.901	1	4	0.119	1.754

a. 预测变量：（常量），水源供水规划
b. 因变量：水源供水实施

系数[a]										
模型	非标准化系数		标准系数	t	Sig.	相关性			共线性统计量	
	B	标准误差	试用版			零阶	偏	部分	容差	VIF
1　（常量）	−5.888	17.281		−0.341	0.750					
水源供水规划	8.912	4.512	0.703	1.975	0.119	0.703	0.703	0.703	1.000	1.000

a. 因变量：水源供水实施

厂，改为建成以地下水为水源的北京市自来水公司水源五厂、七厂、八厂。但水源一厂有 15 个水井的水位在 1940—1955 年 15 年间已下降 10 米；1955 年春季地下水位低时，7 个水井抽不上水来。"今后这些水井的水位是否还要继续降落，是否还要有更多的井抽不上来，对这些根本问题也不能解答"。1954 年在清河、酒仙桥开凿的四口井，当时预计每一个井每小时出水至少有 100 吨，实际只有 40～70 吨，而且有的发生出砂现象（北京市档案馆，1956）。但仍为应对缺水问题而忙于改变原计划。

1958—1965 年，预测永定河引入 17.5 m³/s，估计可排出 16.0 m³/s，河水以最大水量穿行城市，下游自可利用，航运、京津运河用水、灌溉，河湖用水、污水稀释；潮白河引入 41.5 m³/s，估计可排出 42 m³/s（北京市档案馆，1960）。但实际潮白河引水到 1965 年才实施，永定河引水工程实际运行后，偏离了调蓄上游来水和稀释城区河道的主要功能，预估 1967 年为河湖补水稀释所用比例占到永定河引水渠供水总量的近 50%，约 11.0 亿立方米，实际发展到 1967 年，河湖补水量仅为 0.4 亿立方米（北京市档案馆，1956；北京市档案馆，1953），生活和工业需水要求的胁迫造成了其用水值远超过预期值，河湖补水用量则被严重压缩（表 5-7）。

1966—1978 年，规划预测 1980 年潮白河、永定河引水 30 m³/s 左右，水库可供

表 5-7　永定河引水渠供水情况预景与实际对比

1957 年水源规划预测值 /亿立方米	市区用水	市郊用水	农业用水	河湖补水（市区贯流）	合计
1967	5.7	2.8	3	11	22.5
1977	14.5	1.9	6	12.6	35
1982 年供水规划预测值 /亿立方米	生活需水量	工业用水预测值	农业用水预测值		合计
2000	10	12.8	24	—	46.8
实际值 / 亿立方米	生活需水量	工业需水量	农业需水量	河湖补水（市区贯流）	合计
1967	—	6.6801	16.98	0.4	—
1977	—	10.4505	21.81	—	—
2000	13.39	10.52	16.49	0.33	40.73

水量约 21 亿立方米，工业用水 10 亿立方米，生活用水 4.0 亿立方米，菜田水浇地 5.22 亿立方米，供给天津、河北 3.47 亿立方米。未预料工业、建设快速发展，导致 1974 年便超过工农业用水预测值，实际 1980 年，北京工业用水达 13.5 亿立方米，超出了预测值 10 亿立方米的用水量，农业、生活用水也均超过各自预测值。引潮入城计划自 1965 年实现（张敬淦 等，1992）以来最大引水流量仅 2.0 m³/s，由于供水紧张状况不得不改以抽取潮白河地下水引水入城。

1979—1989 年，由于华北地区径流明显减少和过量开发水资源，水资源配置初见雏形（华士乾，1988），以需定供的局面开始转变，预测 2000 年北京城乡用水需求量由 55 ～ 60 亿立方米缩减到 46.8 亿立方米（北京市地方志编纂委员会，2000），不再考虑河湖补水这一项供水需求。2000 年实际用水情况控制在规划范围内，但生活用水量超过预测值，达到 13.39 亿立方米，压缩了农业用水量而低于预测值。同时，1980 年干旱事件，被动停止对天津、河北地区供水。市区地下水开采量达 7.5 亿立方米，大幅超过了年开采量 1.9 亿立方米的规划指标。这一时期虽已有战略上的调整，但对人口迅速增长对于生活用水的胁迫仍未预测准确。

1990—2000 年，基于实时调度的水资源配置与调控内容（南水北调引水和张坊水库等）未投入，基于二元水循环的水源地保护和雨洪利用措施也迟迟未展开，对水源地密云水库、怀柔水库、京密引水渠及涵养地下水保护地划定未开展。预测了 2010 年需水情况，实际 2010 年生活、工业、农业用水量均低于预测值，总用水量为 35.2 亿立方米。

2001—2010 年，实际用水量在预测值范围内，但对于再生水的利用在预测中出现偏差，计划市政杂用水（如绿化用水、建筑冲厕等）方面应占据主导地位，受社会对再生水价值观念的影响，实际并未推动，趋势恒定，比例最小。再生水在农业灌溉与河湖补水的应用相对较顺畅并占据主导地位（表 5-8）。

2011—2020 年，西郊、密怀顺、平谷、昌平、房山等全市主要应急水源地，以及公共供水厂水源地、城镇自建自备井等相关从源头保护水资源的范围划定和管理尚未跟进。水资源调配体系未得到充分利用，亟待形成布局合理、安全高效的多级调蓄系统，包括密云水库、怀柔水库、大宁水库等调蓄水库和团城湖、亦庄调节池等。

合理性方面，从规划实施过程分析，经历了从被人口、可利用资源胁迫，向较主动地调整资源配置和流域水循环等战略，从规划到实施再到项目的衔接性增强。但仍存在如下问题。

供水与需水存在"共生"关系，虽然试图将新开发的水资源用于环境调节中，但这种共生吸引力和工业与生活用水的优先性使得预景实现相当困难，农业用水则不断被压缩取代（图 5-3）。增长目标型规划思维被惯性延续，一旦有充足的水源，要想减缓或限制其使用，可能性微乎其微，即使有也只是短期的。不断跨距离调水成为服务这一目标的表现，每一个水库的开发都源于前面开发水库的资源殆尽。

水资源紧缺带来的被动式调整，形成缺水—找新的水源地—供水开始—随水资源量的增加而增加需水受体—受体增加给供水压力—为降低财政投资，首先考虑压缩环境用水和农业用水—当环境和农业均无法满足时又开始将投资放到新一轮找水源地的循环，不具有可持续性（图 5-4）。

表 5-8 规划与实际再生水用水量情况表

类型	规划可利用再生水量 /（亿立方米 / 年）	2013 年实际再生水量 /（亿立方米 / 年）
城市河湖环境用水	2.4	1.38
市政杂用水	3.5	0.67
工业低质用水	0.6	1.00
农业灌溉用水	2	3.70
共计	8.5	6.75

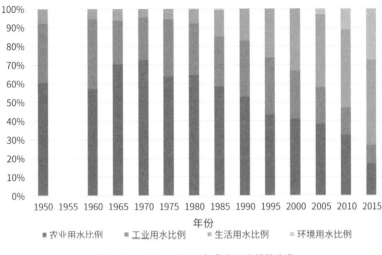

图 5-3　1950—2015 年北京用水结构变化

5.1.4　雨水排除规划与实施评价

曲线拟合雨水排除规划与实施之间的趋势规律关系，线性拟合不佳，1980 年后拟合相对较好（表 5-9）。规划频数则呈现波动式增长，涵盖 1958—1965 年、1979—1989 年及 2001—2010 年三次波峰时期和其他三次波谷时期。实施频数高峰则为 1949—1957 年、1979—1989 年、2001—2010 年和 2011—2020 年四个时期。通过一致性判别，将不一致和没有效用内容及其原因予以概括。

1949—1957 年，由于资料缺少，没有统一规范及修建时期经济条件等关系，数据和信息制约着规划实施的一致性。这一时期雨水管道计算中的径流系数、集水时间、延缓系数及污水管道的变化系数、最小设计坡度等，引用苏联排水设计规范的数值（陶葆楷 等，1958），新建雨水下水道都是根据 1 年一遇至 5 年一遇频率的暴雨来设计，许多下水道：①设计标准很不一致，如龙须沟和四海下水道都是上下游不一样，有些积水不十分严重的地区如马杓胡同用了 5 年一遇频率较高的标准，而积水严重的龙须沟只用了 1 年一遇频率；②设计标准偏低，实际 1952—1956 年每年暴雨强度按规划雨量公式计算，已达到 50 年一遇的强度，虽实施频数较高，但下水道排泄能力不足。

1958—1965 年，城区排水设施的规划频数处于波峰但实施频数处在波谷，受投资方面的变化，在程度上不一致。在规划频数增加的情况下，总投资比例反而在不

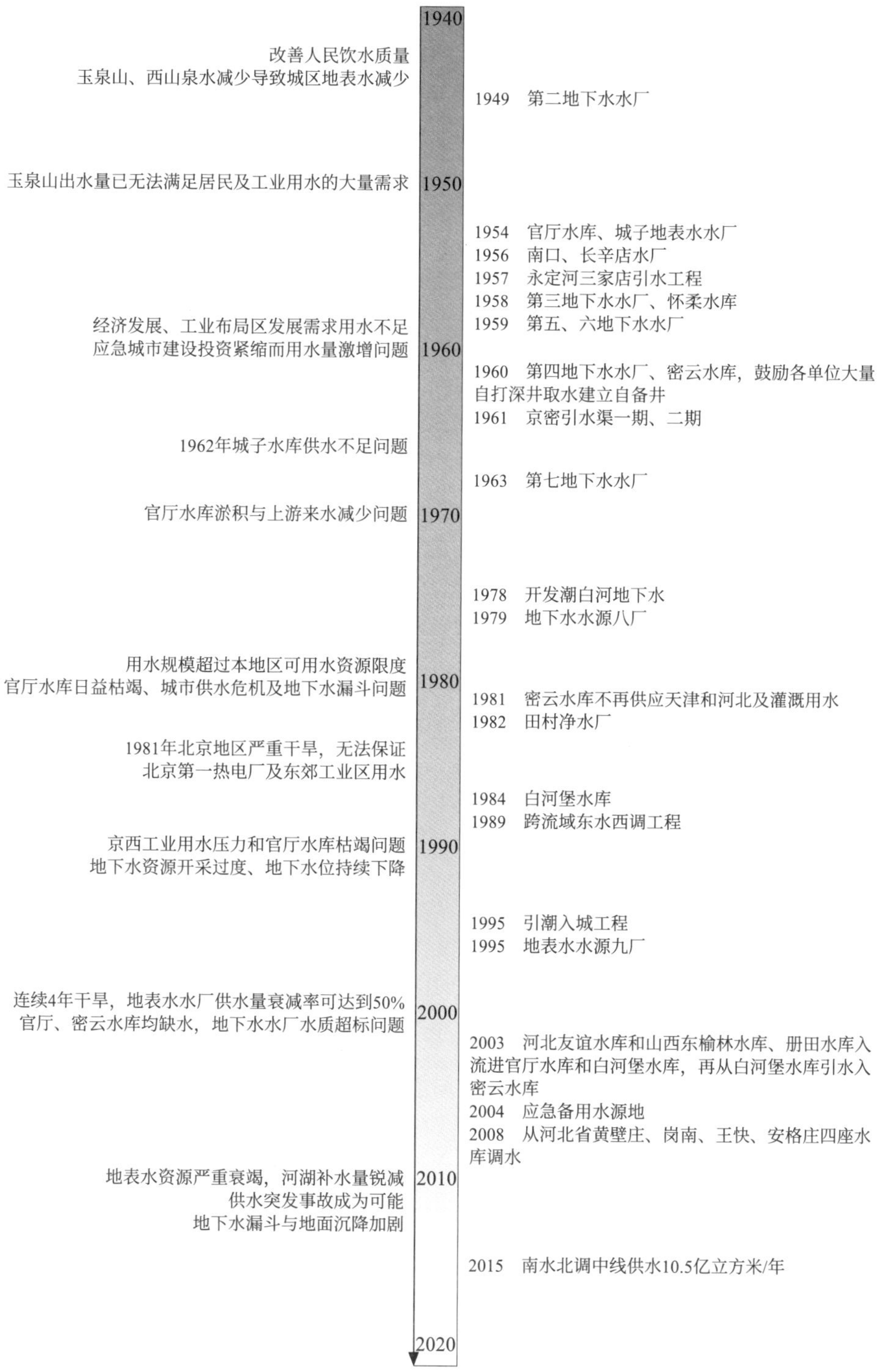

改善人民饮水质量
玉泉山、西山泉水减少导致城区地表水减少

玉泉山出水量已无法满足居民及工业用水的大量需求

经济发展、工业布局区发展需求用水不足
应急城市建设投资紧缩而用水量激增问题

1962年城子水库供水不足问题

官厅水库淤积与上游来水减少问题

用水规模超过本地区可用水资源限度
官厅水库日益枯竭、城市供水危机及地下水漏斗问题

1981年北京地区严重干旱，无法保证
北京第一热电厂及东郊工业区用水

京西工业用水压力和官厅水库枯竭问题
地下水资源开采过度、地下水位持续下降

连续4年干旱，地表水厂供水量衰减率可达到50%
官厅、密云水库均缺水，地下水水厂水质超标问题

地表水资源严重衰竭，河湖补水量锐减
供水突发事故成为可能
地下水漏斗与地面沉降加剧

1940

1949　第二地下水水厂

1950

1954　官厅水库、城子地表水水厂
1956　南口、长辛店水厂
1957　永定河三家店引水工程
1958　第三地下水水厂、怀柔水库
1959　第五、六地下水水厂

1960

1960　第四地下水水厂、密云水库，鼓励各单位大量
自打深井取水建立自备井
1961　京密引水渠一期、二期

1963　第七地下水水厂

1970

1978　开发潮白河地下水
1979　地下水水源八厂

1980

1981　密云水库不再供应天津和河北及灌溉用水
1982　田村净水厂

1984　白河堡水库
1989　跨流域东水西调工程

1990

1995　引潮入城工程
1995　地表水水源九厂

2000

2003　河北友谊水库和山西东榆林水库、册田水库入
流进官厅水库和白河堡水库，再从白河堡水库引水入
密云水库
2004　应急备用水源地
2008　从河北省黄壁庄、岗南、王快、安格庄四座水
库调水

2010

2015　南水北调中线供水10.5亿立方米/年

2020

图 5-4　北京市供水系统建设中的重要事件

表 5-9　雨水排除规划与实施曲线拟合情况

					模型汇总[b]					
模型	R	R^2	调整 R^2	标准估计的误差	更改统计量					Durbin-Watson
					R^2 更改	F 更改	df1	df2	Sig. F 更改	
1	0.588[a]	0.345	0.182	46.269	0.345	2.111	1	4	0.220	1.488

a. 预测变量：（常量），雨水排除规划

b. 因变量：雨水排除实施

							系数[a]				
模型	非标准化系数		标准系数	t	Sig.	相关性			共线性统计量		
	B	标准误差	试用版			零阶	偏	部分	容差	VIF	
1	（常量）	24.177	40.156		0.602	0.580					
	排水规划	8.350	5.746	0.588	1.453	0.220	0.588	0.588	0.588	1.000	1.000

a. 因变量：雨水排除实施

断降低（图 5-5），也就是说新工厂、新建筑增加很快，标准越来越高时，对排水等基础设施的需要应越来越大，但实际是投资比例越来越小，形成相当大的剪刀差。

1959 年 8 月北京东南郊平原地区发生严重涝灾，这场灾害激化了北京与周边省市边界排水的矛盾，暴雨事件后总结出地下水埋深浅、河道排水能力不足、重灌轻排、公路阻水及边界地区挡坝阻水几大问题，随即引起"东南郊除涝大会战"：调整排水布局，开挖减河，加大中小排水河道及骨干排水沟的疏挖及面上的排水工程配套。这一事件也改变了规划提出的"以蓄为主"思想，转向"旱涝碱综合治理"。

1966—1978 年，由于 1963 年 8 月河北省太行山地区发生特大暴雨，北京城区与温榆河流域发生严重洪涝灾害，1970 年开始了第二次东南郊除涝大会战，直至 1977 年，加大温榆河、北运河系统排水河道的治理力度，但这一时期城区排水工程建设步伐缓慢，为配合地铁工程有所减少，因此并未出现实施高峰。

1979—1989 年，正值改革开放，城市建设发展很快，城市规划建设用地增加甚多。北京城市雨水直接排放，建立了包括社区雨水管网、城市雨水管网、排水渠道在内的雨水排水系统。对标准、参数估算的技术较为准确，根据北京气象站清光绪元年（1875 年）至 1988 年雨量观测资料，提出适应北京地区的雨水管道标准和参数，修订河道规划流量，即等流时线法与长办汇流曲线相结合，并进行调洪演算。市区

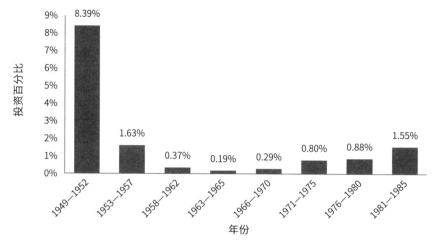

图 5-5　北京 1949—1985 年雨水排除设施投资百分比

四条主要排水河道流域面积约 1266 平方千米，由于城市的发展和排水条件的改变，流域内规划建设区面积较之 20 世纪 70 年代规划的建设区面积增加很多，四条主要排水河道 20 年一遇规划流量均有所加大，其中通惠河增加 10% 左右，凉水河增加 30% 左右，清河增加 60% 左右，坝河增加 30% ～ 40%。

20 世纪 90 年代初，针对水资源短缺的严峻形势，提出了城市雨洪利用的概念。北京市启动了国家自然科学基金项目关于北京市水资源开发利用的关键问题——雨洪利用研究，但由于各种条件受限，没有典型的应用。2000 年中德国际合作项目"北京城区雨洪控制与利用技术研究与示范"启动，全国首批城市雨水排除与利用示范项目完成。北京城市雨水排除规划进入"排水和雨水收集结合"阶段。北京作为国内第一个开展城市雨洪利用研究与应用的城市，现阶段发展的主要任务是完善相关政策措施，进一步加强城市雨水的强制利用。从全市角度看，城市雨水利用将得到全面而深刻的推进。随后二十年，雨水排除规划实施的一致性均因信息水平的准确性提高而拟合较好，随着海绵城市理念和排水防涝系统的提出和建立，雨水管理更加强调综合目标的实现，所采用的措施也涵盖了"渗、滞、蓄、净、用、排"等方面。除了传统的依靠雨水管道、泵站、河道之外，还在源头采用绿色屋顶、雨水花园、透水铺装、景观水面、调蓄池等设施减少径流外排量，同时净化径流水，增强雨水下渗和资源利用，并结合绿地、公园和其他公共空间建设雨水调蓄区和蓄涝区。

但不一致性仍存在，受极端天气的影响，城市应对的弹性仍有不足，如 2012 年 7 月，北京再次发生暴雨城市内涝事件，造成人员财产的损失，此后对与立交桥、道路积水对应的雨水泵站、地下蓄水池大量实施，形成实施曲线中的波峰。

合理性方面，存在靠短期内高投入的方式来消除洪涝灾害的风险，且各种衔接不太够，如建设部门市区排水标准与水利部门郊区河流水利标准就不相衔接。城市排涝标准一般由水利部门规划设计，主要内容就是河道整治，而河道的主要来水为城市市政管网，非天然流域产汇流，因此传统上的水文学公式不适用。而市政管网排水归市政部门管理，其计算标准和方法与水利差别很大，致使城市管道排水与河道排涝设计标准之间难以衔接。内排和外排，小排和大排之间，从设计理念、设计方法、暴雨资料选样方法、设计暴雨的历时抽样方法到实施都有不衔接之处。

5.1.5　污水排除规划与实施评价

污水排除规划与实施曲线拟合情况较差（表 5-10），其中，1966—1978 年，污水排除的实施深度远不及规划强度，两者的差值较大，需要进一步分析其机制。

北京污水排除规划设计是预测 25 ～ 40 年内承载污水参数，提升污水处理厂能力。这一方法在环境稳定及长期可预测的前提下是成立的，但在实际中这一前提条件很难吻合，排放量的要求、技术的可行性和经济条件均随着时间的推移发生不可预知的变化。

1949—1957 年，合流制改分流制初定伊始，污水排除只是建造管网系统，将污废水及雨水直接排入河道，进入农田（图 5-6），1956 年，第一座污水处理厂（酒仙桥污水处理厂）建成。此时，北京市对分流制的污水管道还没有制定统一的污水量设计标准，设计污水量一般是根据地区的规划布局性质，采用人口密度为每公顷 120 ～ 130 人。污水量定额大多采用每人每日 400 升，使用的标准在各年份的实施中也不统一，致使发生上游管道污水量设计标准高、下游管道计算标准低的不合理现象（北京市档案馆，1956）。

1958—1965 年，综合污水量定额改为按照每人每日 400 升、平均每公顷 200 ～ 350 人的规划地区人口密度制定，农田和规划绿地不产生污水（图 5-7）。但自 1958 年以来，居住区的高层住宅楼越来越多，人口密度已发展到每公顷

表 5-10　污水排除规划与实施曲线拟合情况

模型汇总[b]									
模型	R	R²	调整 R²	标准估计的误差	更改统计量				Durbin-Watson
					R² 更改	F 更改	df1	df2	Sig. F 更改	
1	0.559[a]	0.313	0.141	30.557	0.313	1.821	1	4	0.248	1.051

a. 预测变量：（常量），污染排除规划

b. 因变量：污水排除实施

系数[a]										
模型	非标准化系数		标准系数	t	Sig.	相关性			共线性统计量	
	B	标准误差	试用版			零阶	偏	部分	容差	VIF
1　（常量）	14.295	23.080		0.619	0.569					
污染排除规划	8.275	6.132	0.559	1.350	0.248	0.559	0.559	0.559	1.000	1.000

a. 因变量：污水排除实施

图 5-6　1949—1957 年污水排除去向示意图

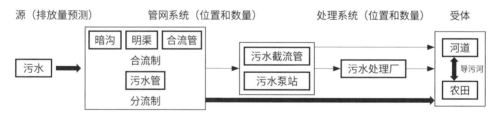

图 5-7　1958—1965 年污水排除去向示意图

800 ～ 1000 人。农田、绿地有些也改变了用地性质。到 20 世纪 70 年代中期，大部分已超过设计时采用的标准，不少污水管已接近满流，开始超负荷运行。同时，这一时期的污水灌溉，研究得出具有增产效果，引污灌溉增加土壤肥力和提高污水利用率的短期行为远远超出预想，20 世纪 60 年代预计灌溉面积约 35.98 平方千米，但实际达到 443.89 平方千米，出现明显预测差距。

1966—1978 年，中华人民共和国成立近 20 年后，虽然这一时期对水源污染空前重视，却一直摆脱不了"点源治理，达标排放"和"谁污染，谁治理"的观念，计划城市级别的 7 个污水处理厂，仅完成 2 个，城市污水厂建设和处理程度远远滞后。经调查可知，官厅水库流域内大小企业超过 500 个，每年排放污水约 6800 万吨，未经处理排入河道，流入官厅水库，造成污染（北京市档案馆，1974）。针对水源污染情况所提出的工业污水排放控制虽实施较一致，但水库周边水源保护手段却直至 20 世纪 90 年代末才陆续实施，形成了这一时期规划目标多但实施少的"雷声大、雨点小"的局面。

1979—1989 年，人口数量和建成区面积快速增加，污水水质越来越复杂，城市总体规划及其污水专项规划频繁调整。城市污水处理厂的建设缺口仍在加大，仅完成北小河污水处理厂，也是第一座二级污水处理厂，处理能力约占 1990 年日污水总量 214.3 万立方米的 2%。这一时期北京开始利用建筑中水，即再生水开始成为北京的利用水源之一，主要用于卫生间冲厕和市政绿化补水方面。

1990—2000 年，污水处理率有了明显突破与提高，但长期污水处理能力，即污水处理设施每昼夜处理污水量的设计能力与污水排放量的差值仍在加大，造成流域性水污染，由下游向中上游蔓延，官厅水库于 1997 年被迫退出生活供水。

2001—2010 年，污水排除去向有明显进展，如图 5-8 所示，对污染严重地区雨水径流的排放作了更严格的要求，不断提高污水处理标准，大规模发展污水处理厂，且发展深度处理的再生水厂用于回用污水。2003 年开始逐步提高北京再生水利用率和扩大利用范围，使再生水利用量稳步提升（图 5-9）。修建了高碑店污水处理厂、酒仙桥污水厂等大型再生水厂，但污水处理厂出水与用水需求的差距较大，氮磷化合物和其他营养物质含量偏高。污水收集及处理工程建设成果显著，但与"建设国际一流、城乡一体的基础设施体系"的总规划目标仍有一定差距，主要体现在以下几方面。

一是污水处理率有待进一步提高，城乡接合部污水无组织排放情况严重。北京市中心城区每日约有 50 万立方米未经处理的污水直排入河，通州区每日约有 8 万立方米，其他区每日约有 32 万立方米，此问题主要集中在城乡接合部地区。中心城区现状污水收集率约为 83%，而城乡接合部地区仅为 33%，海淀山后和丰台河西地区更低。

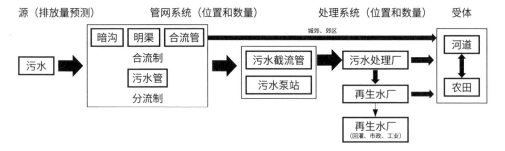

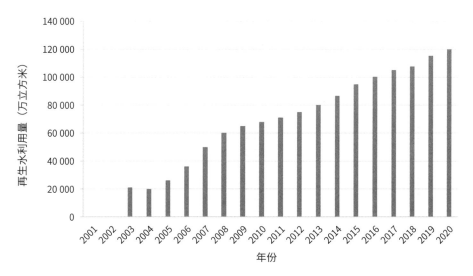

图 5-8　2001—2010 年污水排除去向示意图

图 5-9　北京再生水利用量

二是污水管网系统不完善，村镇地区污水处理设施覆盖不足、运行率低。随着城市建设进程的不断推进，部分地区存在土地开发建设与污水管网系统建设不同步的问题，导致污水排除无下游、雨污水管道混接、污水直排的问题发生。在北京市中心城区、城市副中心区及新城规划范围外的 3111 个村庄中，有污水处理设施的村庄共有 681 个，覆盖率仅为 22%；部分已建成污水处理设施未正常运行，据统计，截至 2013 年底，全市建设村级公共污水处理设施 1010 处，有 30% 的设施未运行或间歇运行。

2011—2020 年，北京市污水排放地方标准《城镇污水处理厂水污染物排放标准》（DB 11/890—2012）颁布后，北京污水处理设施全面升级改造，规划和实施均积极促进再生水的大量利用，先后完成了北小河、吴家村、清河、肖家河、小红门、东坝、北苑等再生水厂的升级改造，建设了槐房再生水厂、清河第二再生水厂、丰台河西再生水厂（二期）、延庆大庄科乡再生水厂、珍珠泉乡再生水厂等建设工程。如何优化配置再生水实现充分利用仍是制约北京再生水利用的关键问题，规划提到的 2015 年再生水利用量（规划 10 亿立方米）因高品质再生水厂的建设工期和难度，再生水输配和存储体系不完善等问题，未能达到。再生水作为北京河湖补水的主要来源，旱季常缺少清洁水源的稀释，再生水水质标准与河湖水系水体质量标准相比仍然较低，化学需氧量和氨氮等污染物排放仍超出水环境容量，造成大都市区部分河道水体富营养化，特别是下游北运河水系的水质问题，影响河湖系统环境改善。

按时间序列，从一致性和应用性两个层面进行机制分析后发现，北京污水排除规划与实施的合理性存在三个方面的问题：①早期污水管网铺设技术和污水处理技术水平较低；污水灌溉盲目发展，相关监控、管理体系却严重滞后；城市郊区渠道灌溉功能退化，大多因污水灌溉变成了污水排放的河道等；污水灌溉水质严重超标，农田污染严重，地下水污染加剧。②中期依靠工业污染点源治理，"谁污染，谁治理"的观念开展不理想，偷排漏排现象、工业污染事故频发；忙于应付，试图利用河道蓄污导污将污水引向郊区，减少对天津城市的污染；实际城市污水处理发展较缓，污水排放量与处理量的差值逐渐拉大。③ 2000 年后，污水截流、运输与处理设施建设一致性较高，城市污水处理滞后性有了明显改观，但水质仍没有较大起色的原因在于污水排放与污水受体的衔接不够，即河湖与农田等污水受体呈现"拖后腿"的局面，如何使污水管网处理体系与受体体系的发展耦合起来，包括形制、结构与功能的整合值得思考。

5.2 景观格局与生态过程的时空变异

大都市区涉水规划的实施情况反映在景观格局与生态过程的时空变异上，该部分主要包括：①对景观的空间结构特征的分析，即从无序的由斑块镶嵌而成的景观中发现潜在有意义的规律，计算时空变迁下景观格局类型的面积大小、形状及空间分布与配置；②基于形态学分析景观要素中生态过程进行相对顺利程度的测度指标，量化生态网络结构要素，探讨空间格局与生态过程、结构连接与功能连接之间的联系。

5.2.1 景观的空间结构特征

1. 涉水景观类型空间变迁

水体景观格局分析中的土地利用数据来源包含：哈佛大学图书馆馆藏 1900 年北京城区地图；北京大学 1951 年、1971 年 1∶50 000 地形图，1985 年、1993 年、2001 年、2010 年、2020 年土地利用数据。水体景观在此分为河流水面、湖泊水面、水库坑塘及苇地滩涂四大类。通过矢量化水体景观格局，统计各水体景观面积时空变化情况；利用 ArcGIS 10.2 中的质心分析工具，采用 Fragstats 4.2 进行景观格局指数分析。

北京水体具有人均面积小、水体斑块面积普遍偏小、破碎化程度高等特点。根据 1900 年（部分）、1951 年、1971 年、1985 年、1993 年、2001 年、2010 年和 2020 年土地利用数据统计北京水面面积变化情况。北京水体景观组成中，河流和水库坑塘为主要的水体类型。河流在北京各区均有分布，1951 年河流水面所占比例最大，达 58.47%，1985 年后，河流水面面积所占比例逐年减少，持续下降到 2001 年的 23.79% 后，从 2010 年开始回升，到 2020 年成为主要构成类型。湖泊水面比例也呈现减少趋势，到 2020 年仅有小面积的湖泊，如颐和园、圆明园、玉渊潭等公园内的湖泊，占水体总面积的 0.70%，是北京最小的一个湿地类型。水库坑塘主要分布在延庆、密云、平谷、通州、海淀和昌平等区，其中延庆、密云及中心城区的库塘面积较大，所占比例从 1951 年的 3.63%，跃至 1985 年的 31.34% 并继续扩大到 2001 年的 56.09%，基本作为 1993—2010 年的主要构成类型，2011—2020 年，水库坑塘比例下降，位于海淀和昌平的水库坑塘湿地逐渐消失。苇地滩涂比例基本呈减少趋势，到 2020 年所占比例为 15.58%，仅分布于延庆官厅水库周边、顺义汉石桥等地，在各湿地类型中总面积较小（图 5-10）。

从历史遥感数字化后的平面空间展开分析，也可发现河湖水面萎缩明显的现象。其中，河流水面变化最为明显的是永定河区域，从图 5-11 中发现，永定河水面范围自 1951 年开始逐年缩小，到 2010 年卢沟桥以下河道部分已发生断流现象，河床裸露，沙化严重，缺水、污染及生态环境问题交织。2020 年 5 月，通过引黄河水的生态补水，干涸断流 25 年的永定河干流（北京段）实现了全线水面连通。

市区湖泊也存在空间上逐步减少的特点。在数字化 1900 年与 1971 年测量地图后，展开对比后发现，昆明湖和圆明园湖泊面积减少近一半，马草河、丰草河一带湖泊也近乎消失，一同消失的还有今南苑一带的水面。1900 年，图 5-12 范围内湖泊水面的面积达到 27.7 平方千米，而 1951 年范围内湖泊水面面积降至 4.36 平方千米。从 1971 年、1993 年、2010 年的测量地图来看，中心城区河湖水系水面存在逐步由内向外萎缩的趋势，水面在城市二环与三环之间明显减少。而湖面在 1993 年与 2010 年近 10 年时间内，北部清河一带坑塘、南护城河以南一带均有明显减少。

通过计算景观类型的面积加权重心变化（土地利用类型重心的变化能从整体上反映出景观在空间上的转移），分析景观格局的空间变化规律和趋势。

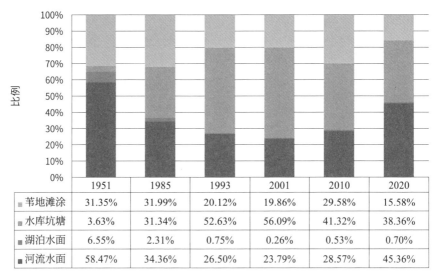

	1951	1985	1993	2001	2010	2020
■苇地滩涂	31.35%	31.99%	20.12%	19.86%	29.58%	15.58%
■水库坑塘	3.63%	31.34%	52.63%	56.09%	41.32%	38.36%
■湖泊水面	6.55%	2.31%	0.75%	0.26%	0.53%	0.70%
■河流水面	58.47%	34.36%	26.50%	23.79%	28.57%	45.36%

图 5-10　1951—2020 年北京市各水体景观类型面积所占比例变化

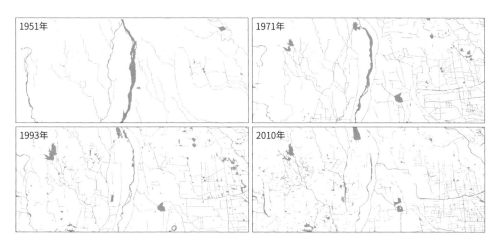

图 5-11　1951 年、1971 年、1993 年、2010 年北京永定河河流水面变化情况

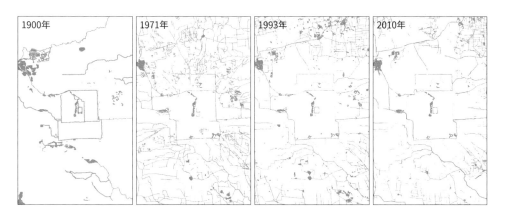

图 5-12　1900 年、1971 年、1993 年、2010 年北京中心城区河湖水系水面变化情况

$$X_{\mathrm{c}} = \left(\sum_{i=1}^{n} C_i X_i \right) / \left(\sum_{i=1}^{n} C_i \right) \tag{5-1}$$

$$Y_{\mathrm{c}} = \left(\sum_{i=1}^{n} C_i Y_i \right) / \left(\sum_{i=1}^{n} C_i \right) \tag{5-2}$$

式中：X_{c} 和 Y_{c} 是按面积加权的水体水面质心坐标；X_i 和 Y_i 是某一水体类型（如河流）第 i 个斑块的质心坐标；C_i 为第 i 个斑块的面积；n 为水体水面类型的斑块总数。

通过 GIS 质心分析工具，北京水体多年平均分布质心坐标为（116°34'49.828"E，40°10'36.288"N），位于北京几何中心（116°24'14.252"E，39°54'15.594"N）的东北方向，距离 33.58 千米，反映了北京水体景观"北多南少"的整体态势。1985—

2010 年，水体质心分布由 1985 年的（116°33'15.925"E，40°9'5.726"N）向东北方向偏移到 2010 年的（116°38'.216"E，40°11'28.259"N），偏移了 8.02 千米，说明"北多南少"的态势逐渐明显。此外，主要对北京水体景观的主要类型河流、水库坑塘进行了质心分析。河流质心分布于朝阳、顺义区，由 1985 年的（116°27'45.109"E，40°0'3.615"N）向东北方向偏移到 2010 年的（116°33'24.924"E，40°8'14.006"N），向潮河、白河、潮白河水系方向偏移了 17.00 千米。水库方面，密云水库作为北京最大的水库，其面积占到水库总面积的 76.36%，因此，不难发现，水库的质心位于密云区。1993—2010 年，北京水库质心持续向西南偏移了 13.36 千米。

2. 景观格局指数分析

通过对水网密度及河湖水面缩减等水生态情况的探讨，继续采用景观生态学方法探讨水体景观的生态情况。利用 Fragstats 景观统计模型，借助 5 个时期土地利用数据，比较不同时期景观格局指数的异同，用移动窗口分析、梯度分析与景观指数相结合的方法研究北京景观空间分布格局和内部最小阻力模型（源、汇景观）。景观指数的选择遵循以下原则：①对景观格局的边界、大小、形状、连通性和多样性特征进行理论分析；②景观指数不宜高度冗余；③在多数相关文献中有涉及（傅伯杰 等，2001；严登华 等，2006；宫兆宁 等，2011），其单位及生态学意义如表 5-11 所示。为了度量北京市的景观格局，选取斑块密度（PD）、最大斑块指数（LPI）、边缘密度（ED）和平均斑块大小（MPS）代表景观个体单元特征；面积加权平均形状指数（AWMSI）、蔓延度（CONTAG）、聚合度指数（AI）、分离度指数（DIVISION）代表景观组分空间构型；香农多样性指数（SHDI）、景观丰度（PR）表征景观整体多样性特征。

耕地的斑块密度（PD）与边缘密度（ED）均在 2005 年有小幅度增加，而后减少且趋于稳定，而平均斑块大小（MPS）则呈现出相反的变化趋势，表明随着耕地总面积减小，其在空间分布上的破碎化程度降低，分布更为集中。

林地、草地的斑块密度（PD）与边缘密度（ED）变化较小，仅在 2005 年出现小幅度的增加，随后减少，总体相对稳定，而林地平均斑块大小（MPS）最大，在 2005 年时，MPS 下降至最低值后回升，表明林地、草地在空间上的分布趋于集中。

水域的斑块密度（PD）与边缘密度（ED）持续下降，表明水域在空间中的破碎

表 5-11　景观指数的单位及生态学意义

指标	缩写	单位	生态学意义
斑块类型面积	CA	公顷	不同类型面积的大小能够反映出其间物种、能量和养分等信息流的差异；一般来说，一个斑块中能量和矿物养分的总量与其面积成正比
斑块所占景观面积比例	PLAND	%	某一斑块类型的总面积占整个景观面积的百分比。其值趋于 0 时，说明景观中此斑块类型变得十分稀少。它度量的是景观的组分，是帮助我们确定景观中模地（Matrix）或优势景观元素的依据之一，也是决定景观中的生物多样性、优势种和数量等生态系统指标的重要因素
斑块密度	PD	斑块数 /100 公顷	某种斑块在景观中的密度，可反映出景观整体的异质性与破碎度，以及某一类型的破碎化程度，反映景观单位面积上的异质性
最大斑块指数	LPI	%	确定景观中的优势斑块类型，间接反映人类活动干扰的方向和大小
边缘密度	ED	%	景观总体单位面积异质景观要素斑块间的边缘长度
平均斑块大小	MPS	公顷	指征景观的破碎程度，认为一个具有较小 MPS 值的景观比一个具有较大 MPS 值的景观更破碎，它是反映景观异质性的关键
面积加权平均形状指数	AWMSI	—	数值增大时说明斑块形状变得更复杂，更不规则。当值为 1 时说明所有的斑块形状为最简单的方形。它是度量景观空间格局复杂性的重要指标之一
蔓延度	CONTAG	%	描述景观中不同斑块类型的团聚程度或延展趋势。其包含空间信息，是描述景观格局的重要指数之一。一般来说，高蔓延度值说明景观中的某种优势斑块类型形成了良好的连接性
分离度指数	DIVISION	%	当景观中仅有一个斑块时，分离度指数为 0，该指数越大，表明景观内斑块组成越破碎，景观越复杂
斑块多度（景观丰度）	PR	—	反映景观组分及空间异质性的关键指标之一，对许多生态过程产生影响。研究发现景观丰度与物种丰度之间存在很好的正相关关系
香农多样性指数	SHDI	—	反映景观异质性，特别对景观中各斑块类型非均衡分布状况较为敏感，强调稀有斑块类型对信息的贡献。在比较和分析不同景观或同一景观不同时期的多样性与异质性变化时，它也是一个敏感指标。如在一个景观系统中，土地利用越丰富，破碎化程度越高，其不定性的信息含量也越大，计算出的 SHDI 值也就越高
聚合度指数	AI	%	考察了每一种景观类型斑块间的连通性。取值越小，景观越离散

化程度降低，同时其平均斑块大小（MPS）又呈现出上升的趋势，表明水体在总面积基本不变的情况下，空间分布趋于集中。

城乡、工矿、居民用地的斑块密度（PD）最高，但在2000—2020年呈现出减小的趋势，而其边缘密度（ED）与平均斑块大小（MPS）则表现出增加的变化趋势，表明随着用地面积的增加，城乡、工矿、居民用地的斑块分布逐渐整合，分布集中。

在定量化反映和表征景观格局的方法中，景观指数分析以其高度浓缩景观格局信息，全面反映景观格局结构组成和空间配置状况的优势，在景观格局研究中得以广泛应用。但现有的景观格局分析程序多需要栅格数据作为数据源，计算结果随粒度（栅格大小）定义不同而不同。若粒度选择过大，细节易被忽略；若粒度选择过小，容易忽视总体规律。因此，对北京市景观格局进行粒度分析对比时，粒度选择分别为40米、50米、60米、70米、80米、90米、100米、120米、150米、180米、210米、240米、270米、300米、450米、600米、750米、900米、1200米、1500米、1800米、2100米、2400米、2700米、3000米。

对2000米移动窗口分析的景观格局指数建立8个方向（东、南、西、北、东南、西南、东北、西北）5千米的梯度，基于景观破碎化的空间格局，进一步利用梯度分析的方法，得到景观破碎化程度在8个方向上的梯度变化。可以看出，沿着城市化梯度从城市中心向外围，斑块密度（PD）和边缘密度（ED）呈现出上升的变化趋势，即从城市中心到城市边缘再到郊区，景观破碎化程度增加。该结果不仅表明了景观破碎化在城市化梯度上的内部水平差异，还进一步说明景观破碎化程度最高的地区并不是城市化水平最高的城市中心，而出现在城市边缘。在城市中心，城市化水平最高的地区，建设用地景观占有较大的比例，斑块数量多，连成一片，连通性强，导致景观破碎化程度较低；而在城市化边缘地区，人为干扰比较强烈，人类的活动逐渐把比较均一的非建筑用地景观转变为建筑景观，形成了多样化的景观类型和破碎化的景观类型，以及建设用地和其他用地之间的镶嵌分布，因而景观破碎化程度最高；城市郊区，一般多为大片的自然或农田景观，所以破碎化程度也较低。

5.2.2 形态学空间格局分析

基于形态学的格局分析方法 MSPA（Morphological Spatial Pattern Analysis）被成功用于分析多种景观形态变化，表现出较强的适用性。MSPA 将一系列图像处理技术应用到栅格图层中，从而将目标地物分为核心、桥接等不同景观类别，通过不交叉的形态学类型，来研究不同地物的形态学机制，但主要集中于森林、绿色基础设施及生态网络格局的构建与优化。MSPA 将栅格二值影像的前景像素分为 7 种互斥类型：核心、孤岛、孔隙、分支、桥接、环岛、边缘（图 5-13），利用 Guidos 软件分析各时期景观形态变化，根据不同 MSPA 景观分类的定义，揭示其在景观连通性方面的指示意义（表 5-12）。

利用 ArcGIS 10.6 在已分类的北京各时期土地利用图中分别提取水体、绿地及生态用地部分，作为 MSPA 分析的前景，其他部分作为背景。像元大小为 30 米，采用 8 邻域算法。获取基于 MSPA 的北京市 2000—2020 年水体连通性、绿地连通性和蓝绿空间连通性时空变化。

经过 MSPA 分析得到各时期北京水体连通性功能类型分布（图 5-14）及面积、频率变化统计表（表 5-13）。核心水体湿地是前景中较大的生境斑块，其面积的减少及破碎化通常会导致连通性下降。边缘区指核心水体与非水体区域之间的过渡地

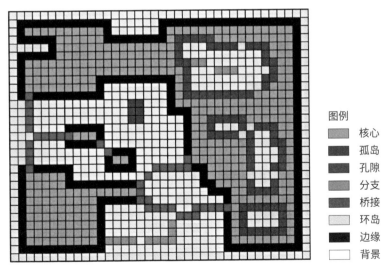

图 5-13　形态学空间格局分析模型分类示意图

表 5-12 MSPA 的景观类型定义及其生态学意义

景观类型	定 义	生态学意义
核心 (core)	前景像素点远离背景像素点的距离大于指定大小的某个参数的像素集合	大型自然斑块、野生动物栖息地、森林保护区等
孤岛 (islet)	未连接任何前景区域的斑块，并且面积小于核心区的最小阈值	彼此不相连的孤立、破碎的小型自然斑块，通常包括建成区内的小型城市绿地
孔隙 (perforation)	核心区内部的孔洞，由背景构成前景外部的边缘	生态空间核心区内部的建设用地，不具有生态效益
边缘 (edge)	前景外部的边缘	核心区和建设用地之间的过渡，具有边缘效应
桥接 (bridge)	至少有 2 个点连到不同的核心区	连通核心区之间的带状生态用地，即区域绿色基础设施中的廊道，促进区域内部物质交换、能量流动与网络形成
环岛 (loop)	至少有 2 个点连接到同一核心区	连接到同一核心区的生态走廊，规模小，与外围自然斑块的连接度低
分支 (branch)	仅有一边连接到边缘区、桥接区或环岛区	仅与核心区一端联系的生态斑块，景观连接度较差

图 5-14 大都市区水体 MSPA 类型分布图

表 5-13 2000—2020 年北京市水体 MSPA 类型面积变化统计表

景观类型	2000 年		2005 年		2010 年		2015 年		2020 年	
	面积/公顷	占比/(%)	面积/公顷	占比/(%)	面积/公顷	占比/(%)	面积/公顷	占比/(%)	面积/公顷	占比/(%)
核心	10 198.17	58.91%	8251.29	56.70%	6516.27	59.94%	6480.27	59.59%	6255.00	57.04%
孤岛	31.77	0.18%	37.98	0.26%	17.55	0.16%	19.62	0.18%	16.92	0.15%
孔隙	0.00	0.00%	0.00	0.00%	0.00	0.00%	0.00	0.00%	0.00	0.00%
边缘	5657.85	32.68%	4803.30	33.01%	3150.54	28.98%	3198.87	29.42%	3435.93	31.33%
桥接	618.03	3.57%	585.45	4.02%	516.42	4.75%	525.33	4.83%	551.16	5.03%
环岛	4.50	0.03%	0.99	0.01%	1.17	0.01%	1.17	0.01%	0.27	0.00%
分支	801.00	4.63%	873.54	6.00%	669.15	6.16%	648.90	5.97%	706.14	6.44%
前景	17 311.32	100.00%	14 552.55	100.00%	10 871.10	100.00%	10 874.16	100.00%	10 965.42	100.00%
背景	613 519.38		616 278.15		619 959.60		619 956.54		619 865.28	—

带，往往具有物质和能量交换丰富的特征。分支、桥接和环岛三种类型在水体连通性功能中都起着类似廊道的作用。桥接类在水体水文景观中多表现为大型河道、沟渠，是两个不同核心斑块间联系的通道。分支类表示核心水体与其他水文湿地类型间的连接，是核心区斑块与其外围水文景观进行物种扩散和能量交流的通道，在湿地水文景观中多表现为大型河道、沟渠的分支。环岛类为核心类内部相连的捷径，在一定程度上有助于核心水体内部的连通。这三种类型对水文连通性的贡献由大到小依次为：桥接类型、分支类型、环岛类型。

2000—2020 年，核心区面积在前景中占比超过 50%，至 2020 年，核心区面积总体减少了 3943.17 公顷。水体核心在东北部密云水库与西部官厅水库分布最为集中，无论从空间还是面积上水体连通性都处在逐渐下降的状态中。边缘区面积在前景中占比为 30% 左右，其面积在 2010 年达到最低值后又缓慢回升。分支、桥接在前景中面积占比均在 5% 左右，两者均在达到低值后缓慢增长，说明河道、沟渠等水体呈现出逐步破碎化后又恢复的特征。环岛类型面积极小，不足 10 公顷，2000—2020年持续减少。孤岛面积在前景中占比不足 1%，其面积在 2005 年增加达到峰值后持续缩减。几乎无"孔隙"景观类型分布于 MSPA 空间格局中。

2000—2005 年，水体核心区面积减少 1946.88 公顷，边缘区面积也随之减少，减少区域主要集中在温榆河廊道、北运河廊道周边碎片化分布的水体斑块。而分支、孤岛面积有少量增长。2005—2010 年，核心区面积进一步缩减了 1735.02 公顷，边缘区面积也随之减少约 1/3，桥接、分支、孤岛类型均有不同程度的减小，空间上主要表现为大都市区中的北运河流域、潮白河流域、蓟运河流域大量碎片化水体斑块的消失。2010—2015 年，各类型水体斑块面积均无明显变化，空间分布相对稳定，仅有局部区域出现少量碎片化水体斑块的新增与减少。2015—2020 年，核心区面积略微下降，伴随着孤岛、环岛的消退，边缘、桥接与分支面积均有少量增加，在空间上体现为凉水河廊道附近的碎片化块状水体的消失，以及小清河、大石河带状水体斑块的新增。

5.3 涉水规划内容与景观格局和过程在时空调控上的一致性

对于基于一致性的评价，实际情况与规划内容的一致性程度通常通过比较某些因素来衡量，如土地利用、经济、生态等。一致性方法是客观且易于操作的，可以直接反映空间实施程度。因此，在本节中比较大都市区涉水规划内容与景观格局和过程在时空调控上的一致性（图 5-15）。由于规划的有限合理性和未来的不确定性，实际空间格局和规划之间几乎不可能完全一致。一般来说，巧合的程度越高，规划的实施就越成功。然而，并非所有不符合项都是规划失败的证据，同样，高的一致性也不是良好规划的绝对保证。一致性评价是指对实际情况与规划内容的一致性程度的探索。基于一致性的评估试图回答以下问题：实施空间格局结果是否与规划内容一致。

5.3.1 高一致性与规划管理不可分割

经计算（表 5-14），北京涉水规划内容与景观格局的一致性逐年提高，由

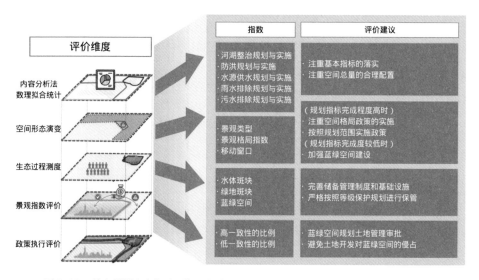

图 5-15 涉水规划内容与景观格局和过程在时空调控上的一致性的多维实施评价框架

表 5-14　规划一致性分析的时空变化特征

时段	占规划总面积的比例		占规划总面积的比例	
2000—2005	高一致性	52.06%	低一致性	47.94%
2005—2010		62.58%		37.42%
2010—2015		78.50%		21.50%

2000—2005 年的 52.06% 提升到 2005—2010 年的 62.58%，再到 2010—2015 年的 78.50%，表明一致性较高。北京作为中国的首都，在生态空间规划中具有一定的前瞻性和主导作用。近年来出台了若干大规模的生态建设政策，如"大规模绿化"规划、生态保护区保护规划等。这些政策使北京在水生态方面取得了相对突出的表现。说明涉水空间规划在一定程度上愈来愈准确地指导了水体、绿地的蓝绿空间布局及其生态修复的方向。在奥运会、世博会等推动下实施的规划格局内容有相对较高的一致性水平。规划内容与格局时空一致性较好的包括永定河及永定河泄洪区、温榆河和北运河、潮白河下段及潮白河地下水回补区（规划风沙治理区），第一道绿化隔离带内河网水系,凉水河城区段、平谷丫髻山经济林规划范围内(蓟运河水系湿地区)、京密引水渠以南、大沙河以北农田地区，昌平新城滨河森林公园、顺义新城滨河森林公园、平谷新城滨河森林公园、南海子公园等第二道绿化隔离带内的滨水公园和郊野公园体系。

低一致性的空间主要分布于郊区。2000—2005 年，47.94% 的涉水规划内容与景观格局变迁发生了偏离，在所有偏差地块中，都市区范围内约 70% 位于丰台区和通州区，均为郊区。①法律批准的总体规划是城市建设和规划管理的法律依据。城市建设必须严格遵守规划规定的发展方向、土地布局和规划的空间控制，城市建成区规划管理比在郊区更加严格。②针对城市规划的需求，政府发布了一系列的规划法规和标准，以应对城市水问题和环境方面的挑战，进一步加强了城市规划和管理的中心地位（Waldner, 2008），大部分中心地区水问题与人为活动的矛盾较为突出。③由于其位置意义，市中心受到更多的审查；有关法律法规也明确了规划调整、修订、监督检查的制度和程序，强制违法行为受法律处罚。因此，郊区偏差发生的频率较高，而建成区内偏差发生的频率较低。

5.3.2　水体湿地格局与水文储存过程不足

水体湿地是土地和水共同作用形成的自然综合体。湿地因其丰富的生物多样性、高生产力和独特的生态功能，被称为"地球的肾脏"。湿地区域正变得严重碎片化，逐渐缩小，并普遍处于衰落状态。目前城市规划设计的基础学科是市政工程，而水文知识和基础监测系统的规划还比较薄弱。虽然提出了海绵城市建设的指导方针，但到目前为止，广泛采用的年平均径流量控制率仅集中在能力不足的源头控制的储渗措施上。例如，下沉绿地的总径流减少量仅为 150 ～ 200 毫米，透水路面的总径流减少量为 40 毫米，屋顶绿化的总径流减少量为 14 毫米（住房和城乡建设部，2014）。一些关键的水文过程包括蒸散、河流路径和池塘、湿地和湖泊的储存没有被考虑，这些过程消耗了年平均降水量的很大一部分，特别是蒸散。此外，城市综合水系统包括三个组成部分，即水文、水污染和水管理，它们涉及水及其伴随污染物的所有物理和社会过程。

5.3.3　涉水规划与实施的空间尺度效应

实施前不同空间尺度的水文响应尚不清楚。目前涉水规划设计概念可以分为四个层次，即细胞尺度、社区尺度、城市尺度、流域尺度。对于单点尺度的蓝绿基础设施，即海绵细胞，可以了解其基本性能和水文响应。然而，对海绵群落构成的各种措施还缺乏系统的认识，在城市和流域尺度上也没有可效仿的先例。海绵城市在不同尺度上的可能表现和水文响应存在不同的观点。例如，单一的蓝绿基础设施可能达到近乎完美的效果，但在整个城市尺度上未必如此。过多的绿色基础设施建设将导致整个流域的水文特征发生显著变化，可能导致严重的径流衰减，从而破坏河流的可持续性。事实上，由于缺乏长期监测数据和深入研究，在大规模实施涉水规划之前，应该考虑到上述担忧和怀疑。对于城市建设的涉水规划空间尺度效应评价，长期监测和综合监测系统是基本前提，不同尺度的可能结果模拟和情景分析是进行评价的可行途径。本质上，重要的是收集更多关于不同尺度响应下涉水规划实施的定量知识。

涉水规划与实施是一个伴随城市"成长"的过程，此外，各阶段规划的一致性的论证也是一个渐进的过程，这意味着需要进一步对其绩效性进行评估。此外，大都市区涉水规划项目建设的不同空间布局将导致不同的水文响应和效益。尽管存在一种相对合适的布局，即既能优化所需经济投资水平，又能优化项目效益的布局，但确定这种布局需要对不同情景下的蓝绿基础设施进行系统研究和优化。

6

大都市区涉水规划目标
与生态服务效应

对涉水规划的成效研究一直备受理论学者和实践者的重视，对蓝绿空间规划理论方法的推进和实际规划设计工作有指导意义，其核心关注点在于：实施的涉水规划中，目标的实现情况；实现目标的成就和效益。由此会解决一系列导向性关注问题：涉水规划实施的深度、力度、广度；是否产生了非预期的影响，这些影响到底是正面的效应还是负面的效应。因此，本章主要探寻生态规划目标与基于景观格局与过程的生态服务效应之间的相关性，具体包含生态服务效应时空变异评价：对土壤保持、洪涝保护、蓝绿水调节等服务功能进行动态模拟和评估，基于地表温度（Land Surface Temperature，LST）评估热岛效应，基于叶面积指数（Leaf Area Index，LAI）评估空气质量调节；基于年鉴统计数据对食物供给进行评估；基于 MODIS 数据和 CASA（Carnegie-Ames-Stanford Approach）模型评估支持服务功能的净初级生产力及其未来演化分析。结合生态系统服务功能定量评估与制图的国内外文献调研，根据前人的研究对基于土地覆盖的生态系统服务供需进行研究，形成时空化的生态系统服务制图。针对生态系统服务功能的支持服务功能、调节服务功能和供给服务功能开展时空变异及驱动机制的定量研究。主要指标包括：①供给服务功能，包含食物供给（粮食、果品等）；②支持服务功能，包含净初级生产力、生境维持、景观美学；③调节服务功能，包含土壤保持，洪涝保护，蓝水（地下水、地表径流）和绿水（土壤水、蒸散）调节，热岛效应调节，空气质量调节等。从而揭示 1990 年以来，北京关键生态服务效应的时空变异特征，并结合同区域内大量同类观测资料和结果进行对比分析和综合评价。

6.1 基于模型的生态服务效应

水生态问题不仅涉及水体本身，而且与城市环境关系密切。本节通过建立关键生态系统服务指标参数，结合景观格局与生态过程研究，重点分析了北京近30年来生态服务效应的时空动态，具体内容包含：①供给服务效应评价及分析；②支持服务效应评价及分析；③调节服务效应评价及分析。

对供水服务（供给服务），植被净初级生产力（支持服务），气候调节、空气质量调节、碳储存调节（调节服务）功能进行动态模拟和评估。

6.1.1 供给服务效应

区域水资源可利用性可以用产水量来描述，它被定义为接收降水和蒸散之间的差异，这是包括气候、土地利用和土地覆盖在内的许多因素的函数。产水量代表自然生态系统和人类社会的最大可用水量。由于降水和蒸散之间的相互作用及其高度的时空变异性，产水量具有高度可变性，可能是水平衡中最不确定的成分。供水服务（供给服务）效应评估可结合生态系统服务与权衡综合评价模型（InVEST模型）。InVEST模型是由斯坦福大学开发，美国自然保育协会和世界自然基金会联合开发的生态系统服务功能评估模型，该模型基于地理信息系统，模拟土地覆盖对生态系统服务功能的影响，结合土地利用情景，能够在不同地理尺度和社会经济尺度上检测生态系统服务功能供给的潜在变化，并对服务功能进行权衡。InVEST模型的产水模块是一种基于水量平衡的估算方法，某栅格单元的降水量减去实际蒸散后的水量即为水源供给量，包括地表产流、土壤含水量、枯落物持水量和冠层截留量。模型主要算法如下：

$$Y_{xj} = \left(1 - \frac{\mathrm{AET}_{xj}}{P_x}\right) \times P_x \tag{6-1}$$

$$\frac{\mathrm{AET}_{xj}}{P_x} = \frac{1 + \omega_x R_{xj}}{1 + \omega_x R_{xj} + \dfrac{1}{R_{xj}}} \tag{6-2}$$

$$\omega_x = Z\frac{\mathrm{AWC}_x}{P_x} \tag{6-3}$$

$$R_{xj} = \frac{K_{xj} \times \text{ET}_0}{P_x} \qquad (6\text{-}4)$$

式中：Y_{xj}为栅格单元x中土地覆被类型j的年产水量；AET_{xj}为栅格单元x中土地覆被类型j的实际蒸散量；P_x为栅格单元x的降水量；ω_x为自然气候土壤性质的非物理参数；R_{xj}为Bydyko干燥指数；AWC_x为栅格单元x中土壤有效含水量；K_{xj}为栅格单元x中土地覆被类型j的植被蒸散系数；ET_0为参考作物蒸散量。

北京市2000年、2005年、2010年、2015年产水量总值分别为34.86亿立方米、31.37亿立方米、31.39亿立方米、27.96亿立方米，总体呈现出减少的趋势，降水量、实际蒸散量及单元降水深度也均呈现出基本一致的变化趋势（图6-1）。单元产水量总体呈现出中部高西北低的空间格局，与单元蒸散量的空间分布相反。单元产水量最高的区域主要分布在海拔较低的平原地区，以城乡建设用地为主，其次是耕地，而单元产水量最低的区域基本分布在西北山地，海拔相对较高，以水域为主，其次为林地、草地。

北京市五大流域产水总量由高到低依次为：北运河流域、潮白河流域、永定河流域、大清河流域、蓟运河流域。2000—2015年，五大流域内产水量均呈现出减少的趋势。其中最高值为北运河流域在2005年时所达到的11.04亿立方米，最低值为蓟运河流域在2015年所达到的1.94亿立方米。北运河流域的单元产水量也为最高，最高时在2005年达到261.16毫米，而潮白河单元产水量最低，在2015年仅为134.24毫米。

供水服务效应的服务面积比例呈先增加后减少，且总体供水服务效应在空间比例上以减少为主：由表6-1和图6-2可见，2000—2005年，服务效应减少的面积比例为79.30%，减少的区域主要集中分布于北京大都市区核心区域及西部和北部的远郊山区；2005—2010年，减少的比例有小幅度增长，但这一阶段仍是减少的比例较多，为50.55%，且减少的区域主要分布于北京西部山区、大都市区建成区及密云水库等；2010—2015年，供水服务效应减少趋势比例占到总面积的91.64%，仅在北京平原郊区农用地出现了小范围的增长趋势，特别是潮白河、永定河减少较为明显。

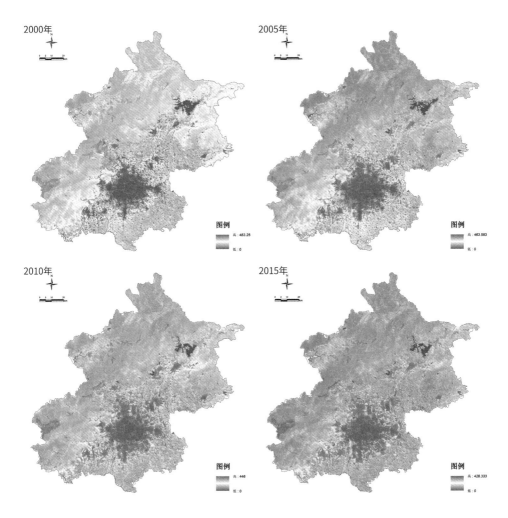

图 6-1　供水服务效应 2000—2015 年时空变化

表 6-1　供水服务效应空间变化情况表

时段	减少	增加
2000—2005	79.30%	20.70%
2005—2010	50.55%	49.50%
2010—2015	91.64%	8.36%

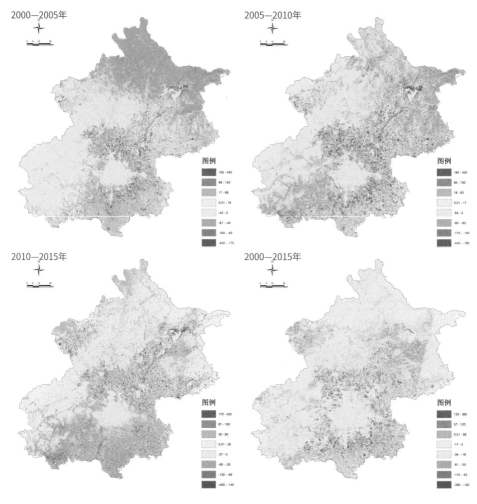

图 6-2　供水服务效应的空间变迁

6.1.2　支持服务效应

1. 植被生产力支持服务

支持服务，如养分传播和循环、种子传播和植被初级生产，为生态系统功能提供了基础。基于 MODIS 数据和 CASA 模型评估支持服务功能的净初级生产力（Net Primary Production，NPP）。在 CASA 模型中，植被 NPP 主要由植被所吸收的光合有效辐射（APAR）和光利用效率（ε）因子的乘积（Potter 等，1993）来确定：

$$NPP\,(x, t) = APAR\,(x, t) \times \varepsilon\,(x, t) \tag{6-5}$$

式中：NPP 为 t 时刻 x 位置的净初级生产量；APAR 为冠层吸收的入射太阳辐射
（MJ/m²）；ε 为 APAR 的光利用效率（g·C/MJ）。

所需的数据 CASA 模型包括土地覆盖、归一化植被指数（Normalized Difference
Vegetation Index，NDVI）和气候数据。全年的总 NPP（g·C/（m²·y））是一年内
12 个月的 NPP 的总和。

采用一元线性回归分析方法分析 2000—2015 年研究区每个像元的植被 NPP 的
时间序列变化趋势，回归直线斜率采用最小二乘法求得。计算公式为：

$$a_{\text{trend}} = \frac{n \times \sum_{i=1}^{n} i \times X_i - \sum_{i=1}^{n} i \sum_{i=1}^{n} X_i}{n \times \sum_{i=1}^{n} i^2 - \left(\sum_{i=1}^{n} i\right)^2} \tag{6-6}$$

式中：变量 i 为年序号；n 取值为 16；X 为时间序列遥感数据；a_{trend} 为遥感数据变化趋
势线的斜率。

$a_{\text{trend}} > 0$，说明其变化趋势是增加，反之则是减少。

基于像元的 Pearson 相关系数计算公式为：

$$R_{XY} = \frac{\sum_{i=1}^{n} \left[(X_i - \bar{X})(Y_i - \bar{Y})\right]}{\sqrt{\sum_{i=1}^{n} (X_i - \bar{X})^2 \sum_{i=1}^{n} (Y_i - \bar{Y})^2}} \tag{6-7}$$

式中：R 为 X、Y 两变量的相关系数；X 为植被覆盖度或植被净初级生产力；Y 为时间。

进行 F 检验，当 $P < 0.05$ 时，相关性显著。

2000—2015 年 NPP 值的变化：2000—2005 年，植被 NPP 值缓慢上升；2005—
2010 年，植被 NPP 值由急剧下降到波动逐渐趋于平稳，而这一时期降雨并未明显减
少；2010—2015 年，波动较大，植被 NPP 值变化呈"V"形，在 2013 年达到近 16
年最低值，而后逐年快速增加，2015 年达到近 16 年最高值。

2000—2005 年，植被净初级生产力显著变绿的区域占比 15.0%，显著变棕的
区域占比 2.1%，显著变绿的区域所占比例高于显著变棕的区域比例。研究区生产
力呈面状显著增加的区域为东部远郊区和南部远郊区；生产力呈带状显著变绿的
区域为永定河、温榆河、北运河和泃河区域。以凉水河及其周边如西红门、亦庄
为代表的城乡接合带区域植被呈显著退化趋势。然而，凉水河及其支流作为重要
的北京城市排水河道，其生态退化势必会造成河流水质恶化，洪峰也会给周边土
地利用带来风险。

2005—2010 年，植被净初级生产力显著变化的区域所占比例较低，仅为 7.1%，其中显著变绿的空间占比 2.0%；显著变棕的空间占比 5.1%；空间分布结果虽然与植被覆盖度同时段变化趋势相似，生产力显著提升的区域分布于潮白河、永定河及北部的第一道绿化隔离带，但与植被覆盖度的统计结果相反，显著提升区域比例低于显著退化的区域比例。

2010—2015 年，植被净初级生产力显著提升区域比例占 7.9%；显著退化区域比例占 3.0%。分布空间上，显著提升的廊道格局可以较为清晰地看出，潮白河密云水库下段和城区段植被恢复较明显；永定河平原段恢复较明显；凉水河水系及周边土地利用也出现了植被显著变绿的生产力提升。而海淀北部和通州区成片呈显著退化趋势。

2000—2015 年，植被净初级生产力显著提升的区域占总面积的 19.0%；显著退化的区域占 24.1%，退化的区域所占比例仍高于提升的区域所占比例。如图 6-3 所示，格局较明显地体现出永定河、潮白河及大沙河—温榆河—北运河三条主要的水系廊道生态效益显著提升；环城的第一道绿化隔离带廊道生态效益提升显著。而京密引水渠、通州凉水河流域及城郊耕地则生态效益显著降低。

2. 生境支持服务

生物多样性与生态系统支持服务有着密切的联系。InVEST 模型中的生境质量指环境为个体或种群的生存提供适宜的生产条件的能力。模型结合土地利用数据与生物多样性威胁因素的数据可生成生境质量地图。此模型评估生境质量优劣主要依据其计算的生境质量指数。生境质量指数是对该区域的生境适宜性和生境退化程度进行评价的无量纲指标，其计算公式如下：

$$Q_{xj} = H_j \left[1 - \left(\frac{D_{xj}^z}{D_{xj}^z + k^z} \right) \right] \tag{6-8}$$

式中：Q_{xj} 为第 j 种景观类型 x 栅格单元的生境质量指数；H_j 为地类 j 的生境适宜度；D_{xj} 为地类 j 中栅格 x 的生境退化度；k 为半饱和常数，即退化度最大值的一半；z 为模型默认参数。

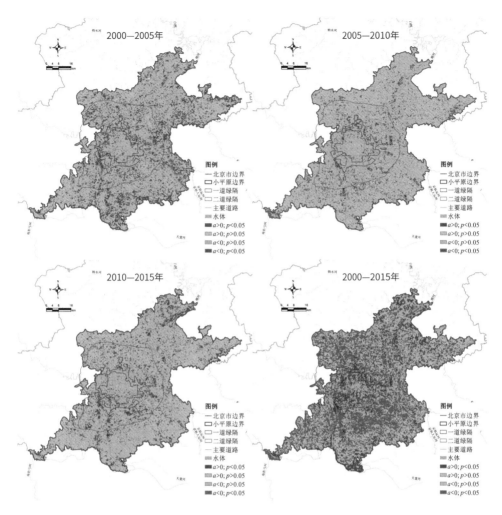

图 6-3　北京都市区水源涵养效应时空变化（$a<0$ 为减少趋势，$a>0$ 为增加趋势）和显著性水平
（$p<0.05$ 为通过 95% 置信度，$p>0.05$ 则不通过）

　　每种生境类型对威胁的敏感度可能不同，因此需要计算敏感度，以修正之前的计算。计算公式如下：

$$D_{xj} = \sum_{r=1}^{R} \sum_{y=1}^{Y_r} \left(\frac{w_r}{\sum_{r=1}^{R} w_r} \right) r_y i_{rxy} \beta_x S_{jr} \tag{6-9}$$

$$i_{rxy} = 1 - \left(\frac{d_{xy}}{d_{r\,\max}} \right) \tag{6-10}$$

式中：r 为生境的威胁源；y 为威胁源 r 中的栅格；i_{rxy} 表示在栅格 y 的威胁 r 对位置 x 的生境栅格的影响；d_{xy} 为栅格 x（生境）与栅格 y（威胁源）的距离；$d_{r\,max}$ 为威胁源 r 的影响范围，将城镇建设用地、农村居民用地、耕地、其他建设用地定义为生境的威胁源，并将其产生的影响设定为线性衰减趋势；β_x 为栅格的可接近水平，取值在 0 到 1 之间，1 表示完全可接近，如自然保护区、人类难以到达的高海拔区域等，由于难以接近，威胁对生境的影响非常有限（或无影响）；Y_r 指威胁 r 的栅格图中位于网格单元内的栅格；S_{jr} 表示景观类型对威胁 r 的敏感性，取值在 0 到 1 之间，其值越接近 1，景观类型对威胁越敏感。

2000—2015 年，北京市整体生境质量较好，生境质量支持服务整体呈现出降低的趋势，整体平均生境质量指数由 0.67 下降至 0.63。通过 InVEST 模型所计算得到北京市生境质量的空间分布图，在此基础上，将北京市生境质量划分为低（0~0.2）、较低（0.2~0.5）、中（0.5~0.7）、较高（0.7~0.9）、高（0.9~1.0）5 个等级，得到 2000 年、2005 年、2010 年和 2015 年北京市生境质量空间分布图（图 6-4）。北京市生境质量支持服务较好的区域为西北山区，生境质量支持服务较差的区域主要为北京市大都市建成区部分。

2000—2005 年，高质量生境面积减少 80.12 平方千米，低质量生境面积增加约 239.11 平方千米，整体生境质量下降，退化主要表现为平原城市建设区域外围低质量生境的扩张，官厅水库、密云水库及其周边山区部分高质量生境的消失。2005—2010 年，低质量生境面积增加 589.36 平方千米，高质量生境面积仅增加 31.04 平方千米，较低质量、中等质量、较高质量生境面积均呈现不同程度的消减，其中，生境退化在空间上主要体现在平原中心城区低质量生境的蔓延，西部海淀、昌平浅山地带及潮白河廊道部分较高质量及中等质量生境的退化，但同时，中心城区周边第二道绿化隔离带部分区域及北部山区部分地区生境质量有所提升。2010—2015 年，低质量生境区域进一步增加，其面积增加约 326.54 平方千米，较低质量、中等质量生境则持续缩减，在此时期，较高质量及高质量生境面积略有增加，共计增加 44.54 平方千米，退化区域依旧为平原城市发展地区所在的低质量生境对周边更高等级生境的侵蚀，而增长部分则表现在温榆河、北运河廊道的所在区域。2015—2020 年，低质量生境面积进一步增加约 122.33 平方千米，其余等级生境面积均减少。在此期间，

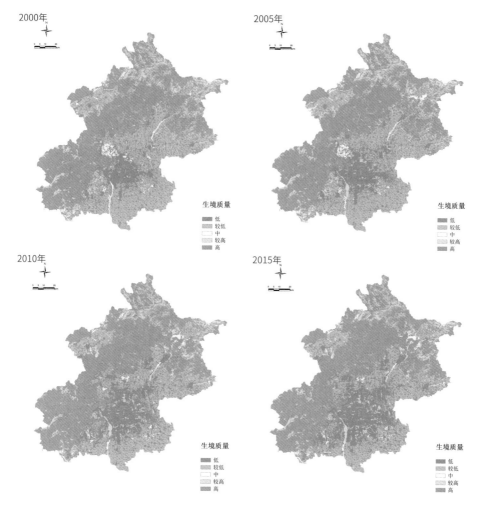

图6-4 2000—2015年北京市生境质量空间分布图

除平原中心处低质量生境的蔓延以外，密云山区部分地区生境质量也出现明显降低。

6.1.3 调节服务效应

调节服务效应评估包含三个部分：气候调节服务即热岛效应评估、空气质量调节服务效应评估和碳储存调节服务效应评估。

1. 气候调节服务

国际上采用地表温度（LST）评估气候调节服务。地表温度就是地面的温度，太阳的热能辐射到达地面后，一部分被反射，一部分被地面吸收，使地面增热，对地面的温度进行测量后得到的温度就是地表温度。地表温度是描述地球表面能量平衡和温室效应的一个重要指标，是区域和全球尺度地表物理过程中的一个关键因子，也是研究地表和大气之间物质交换和能量交换的重要参数，可以反映土壤－植被－大气系统的能量流动与物质交换，在气候、水文、生态和生物地球化学等许多领域的研究中是非常必要的，许多应用如干旱、高温、林火、地质、水文、植被监测，以及全球环流和区域气候模型等都需要获得地表温度。从卫星数据反演得到的地面温度可以反映每个像元的下垫面温度平均状况，能够较详细地反映下垫面温度场的空间分布特征。虽然利用遥感数据反演地表温度难免会产生误差，但它仍然是目前获取大面积区域地表温度的最有效、最简便的方法，这也是 MODIS 影像反映大区域地表温度分布差异的一个优势。

地表温度反演算法大致有以下四种：大气校正法、单通道算法、分裂窗算法（劈窗算法）和多波段算法。由于 MODIS 与 Landsat、哨兵数据质量相对不稳定，为了解决地温反演中精度难以保证、适应性不强等问题，采用星载传感器的红外通道反演地表温度的劈窗算法，如图 6-5 所示，在对其进一步验证的基础上，模拟评估期间地表温度。公式如下：

$$T_s = [C_{32}(B_{31} + D_{31}) - C_{31}(D_{32} + B_{32})] / (C_{32}A_{31} - C_{31}A_{32}) \tag{6-11}$$

式中：T_s 为地表温度；A_{31}、A_{32}、B_{31}、B_{32}、C_{31}、C_{32}、D_{31}、D_{32} 是参数，是由大气透过率、地表反照率、比辐射率、亮度温度因子确定的。

数据源与预处理：MODIS 与 Landsat、哨兵数据为 MODIS 与 Landsat、哨兵影像数据的一级影像数据产品，有必要对其进行标准化再处理。首先进行辐射校正、地理定位、数据的拼接、数据的裁切，然后进行投影变换等，以及标准化、通用化方面的处理，为数据集应用分析奠定基础。

遥感解译的土地利用数据：以遥感图像计算机屏幕人机交互直接判读为核心的土地利用遥感制图技术，同时采用基于遥感监测的土地利用 / 土地覆被分类系统，从而保证了遥感人工解译的精度。

大气透过率反演：大气透过率是指电磁波通过大气中某个给定路径长度后的辐射能与入射辐射能之比。根据本土的气候状况条件，采用两通道比值法从遥感影像上反演大气的水汽含量。再利用大气水汽含量与大气透过率的关系推算出大气透过率。

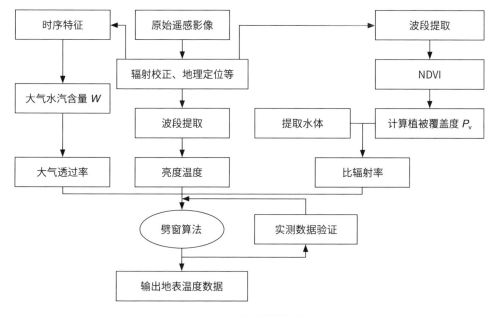

图 6-5　地表温度数据流程图

水体提取：采用的植被覆盖类型图是基于遥感数据的水体图。水体的提取是为了掩掉水体部分。

比辐射率反演：比辐射率是指物体与黑体在同温度、同波长下的辐射出射度的比值。它受物体的表面状态、介电常数、含水量、温度、物体辐射能的波长、观测角度等多种因素的影响。目前求地表比辐射率的方法主要有差值法、独立温度光谱指数法（TISI）和 NDVI 阈值法（NDVITHM）等方法。由于 MODIS 与 Landsat、哨兵影像数据分辨率较低，MODIS 与 Landsat、哨兵像元主要由水面、植被和裸土三种地物类型构成，故利用 NDVI 阈值法来计算地表比辐射率。

亮度温度反演：亮度温度是指被测物体在有效波长 λ 为 0.65 微米时亮度与标准灯丝亮度平衡时所测定的温度，当物体的光谱辐射率与温度为 T_b 的黑体光谱辐射率相同时，黑体的温度 T_b 称为该物体的亮度温度 T_s。亮度温度的反演采用通用的 Planck 方程。

地表反照率反演：采用宽波段反射率转窄波段反照率通用反演方法，此为传统方法，经过多年的专家验证。

地表温度的验证分析：验证遥感模型的精度也是验证该遥感应用模型的适用性，

包括与实地调查数据的对比验证和与文献资料的对比验证。

（1）与实地调查数据的对比验证

为了表征城市主城区与郊区地表温度的梯度差异，并反映不同地表类型下垫面的地表温度特征，同时为了对用遥感数据反演出的地表温度、比辐射率等参数的准确性进行判断，选取城市及城市郊区的建筑物、柏油路、裸土、草地、林地、水体等典型下垫面，在秋季晴天天气（无云）使用手持红外测温仪和红外热像仪对不同下垫面卫星过境时前后半小时地表温度和地表反照率进行了实地观测。

为了保证地面观测与卫星影像获取的时间一致，事先设计了观测行程，在城区与郊区进行同步观测；观测点的选取遵循红外热像仪观测视野开阔与手持红外测温仪测量同步原则，远离较高建筑物以减少环境红外辐射对温度观测值的影响；观测前手持红外测温仪与红外热像仪相互校正，调整参数要与实时国家气象发布数据尽量保持一致；观测点采用手持全球定位系统定位，保障测量精度；尽量避开空调、汽车尾气等人为热源的干扰，选取建筑物、柏油路、裸土、草地、林地、水体等典型下垫面；使用手持红外测温仪设置规定时间内采集一组数据，手持红外测温仪温度探头距地面高度约1米，探头尽可能垂直于被观测面，避免热辐射方向性的影响；红外热像仪选取高塔处观测，且观测角度与观测物保持小于45°角；观测地物中，植被主要包括草地、低矮灌木、低矮农作物，不透水层主要包括沥青柏油路、水泥地路、花岗石路面、房顶等类型，水体温度尽量测量大型水体的内部水面温度，应尽量测靠内的水体温度；观测数据当天测量当天整理，形成景观照片、全球定位系统测点、地表温度测点之间的一致性，避免数据的混淆，保持数据空间、时间的统一性。

属于城市内部区域的地表温度观测点主要设定在中国科学院大气物理研究所铁塔周边和风林绿洲住宅小区周边区域，城市郊区范围主要选取小汤山周边、北京国际机场2号航站楼周边及密云水库区域。中国科学院大气物理研究所的观测点主要依托气象高塔，通过红外热像仪在50米高塔上获取Landsat TM卫星过境时的地物热像仪图像，并结合手持红外测温仪同步观测地表不同下垫面的温度，主要观测对象为草地、树木（树冠）、道路、屋顶等，实现了卫星遥感影像、热像仪图像与实测三者的同步进行；风林绿洲周边同样采取高塔的观测方式，以高楼楼顶为观测平台对地面进行相应地类温度观测，主要观测对象为草地、树木（树冠）、道路、屋顶等。小汤山位于西北距昌平卫星城东南 10 千米，属于城市郊区范围，利用城乡梯度结构差异特性，比较农村与城市局地小气候环境的地表温度差异，主要观测农田、道路等，其中农田代表郊区绿地，道路代表低温干点；密云水库在密云区城北 13 千米处，主要利用红外测温仪测水体温度及周边环境相应地类。

地表温度移动观测的具体实施方法为：将观测人员分为四组，每组两人配一辆机动车，在 Landsat TM 卫星过境的同时（前后各半个小时）利用红外测温仪和手持全球定位系统进行移动观测。分别对典型城区、近郊不同年代城市扩展区、城市绿地与农田等进行地面温度测定，观测目标按照不同土地覆被类型分为建筑物、柏油路、裸土、草地、林地、水体六种类型，每种类型取 30 个以上的样点测量其表面温度。在观测结束后将其记录的数据存入电脑，并与地图和遥感图像进行匹配。

（2）与文献资料的对比验证

与单窗算法及项目区域地表温度的相关文献相对比，实现点对点与点对面相结合的验证方法。

对比 2000 年、2005 年、2010 年、2015 年北京大都市区年平均地表温度的空间分布格局（图 6-6），数值范围基本逐年升高：2000 年数值范围为 9.7 ～ 32.181，到 2020 年数值范围为 10.04 ～ 33.97。

图 6-7 显示了北京都市区 2000—2015 年地表温度调节情况时空变化。从图中可以看出，2000—2005 年，北京都市区地表温度降低的区域比例（53.54%）略高于地表温度升高的区域比例（46.46%），这说明整体地表温度有所降低（表 6-2）。地表温度降低的区域主要分布于都市区东部和南部郊区，以及城中心第一道绿化隔离带，明显升高的区域具有较强的空间分布特征，呈环状分布于第二道绿化隔离带。2005—2010 年，地表温度整体呈升高的趋势，且升高的面积远高于地表温度降低的面积，其中明显升高的区域仍与 2000—2005 年期间相似，具有较强的空间分布特征，呈环状分布于第二道绿化隔离带。2010—2015 年，北京都市区地表温度升高的区域比例略高于地表温度降低的区域比例，说明总体地表温度呈升高趋势，空间分布较为明显的增加体现在温榆河和北运河沿线，但较上一时段升高趋势有所缓解，特别是第二道绿化隔离带内的地表温度较之前 2000—2010 年期间有所降低，与北京蓝绿空间协同规划，水体与环城郊野公园的分布有关。

温室效应增加的区域占据了总面积的 83.57%，北京大都市地带的整体地表辐射以增加趋势为主，其中显著增加的面积占总面积的 11.17%，较多分布于第二道绿化隔离带内。地表辐射显著改善的区域占总面积的 1.38%，温室效应显著降低的区域集中分布于城区第一道绿化隔离带内，除此之外可明显看到潮白河、永定河和通惠河廊道内温室效应显著降低。

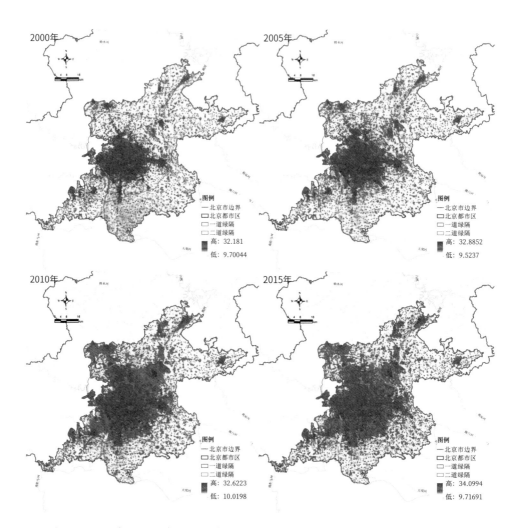

图 6-6 2000 年、2005 年、2010 年、2015 年北京大都市区年平均地表温度空间分布格局

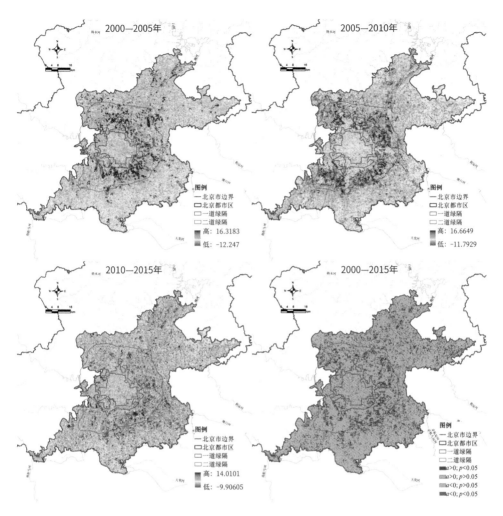

图 6-7　地表温度调节情况时空变化图和显著性水平

表 6-2　地表温度调节情况时空变化

时段	地表温度降低	地表温度升高
2000—2005	53.54%	46.46%
2005—2010	14.81%	85.19%
2010—2015	42.74%	57.26%

2. 空气质量调节服务

叶面积指数（LAI）是指单位土地面积上植物叶片总面积与土地面积之比，即：叶面积指数＝叶片总面积／土地面积。它是大多数生态系统生产力模型和全球气候、水文、生物地球化学和生态模型中的重要参数。叶面积指数是无量纲的参数，随时间动态变化，因生长环境和植被种类特征、叶子形状、特性有很大区别，其大小和植被种类、生长期、叶片倾角、叶簇、非叶生物量有关，还受到测量方法的影响，反映生态环境演变规律。利用叶面积指数研究区域尺度上的植被时空变化对区域生态环境时空演变尤为重要。

获取叶面积指数的方法可分为三类：直接测量法、仪器与半球数字摄影测量法、遥感反演法。直接测量法包括比叶重法、落叶收集法、分层收割法、点接触法等，该方法的精度很高，然而需要耗费大量的人力，通常只针对单个地点或小区域，难以覆盖大的区域范围。仪器与半球数字摄影测量法避免了直接测量法耗费大量人力的缺点，它使用一些商用测量仪器或鱼眼镜头测量多个角度上的空隙率，利用比尔定律，反算出叶面积指数。然而，不论是直接测量法，还是仪器与半球数字摄影测量法，得到的都是点上数据，难以扩展到面上，并且其空间覆盖范围和持续时间有限。而使用遥感手段观测叶面积指数，不仅不需要耗费大量人力，成本低廉，而且能对全球范围实现长期连续监测。因此，从获得长时间序列的全球叶面积指数数据集的角度来看，遥感反演法是最优且唯一可行的方法。

采用遥感反演法，利用 MODIS 成像光谱仪数据遥感反演叶面积指数作为植物生长长势的指标，可分析生态系统健康情况及其变化。生态系统参数的遥感反演是以晴空状态下的地表反射为输入，因此预先合成多天晴空状态的地表反射率，并进行去云及其他噪声处理，采用改进的最小可见光波段选择的合成算法，既能有效消除云的影响，也能有效消除云阴影的影响。叶面积指数和植被光合有效辐射吸收系数可通过反演冠层辐射传输方程获得，输入数据为合成的无云地表反射率数据，即：MODIS 遥感数据获取—计算归一化植被指数（NDVI）—解译植被类型—反演叶面积指数—地面数据验证—确定叶面积指数。

叶面积指数产品主要采用经验公式法计算，利用植物的胸径、树高、边材面积、冠幅等容易测量的参数与叶面积或叶面积指数的相关关系建立经验公式来计算。研究表明，叶面积指数与胸径平方和树高的乘积有显著的指数相关性，边材面积与叶面积具有很高的相关性，林冠开阔度与叶面积指数呈较好的指数关系。经验公式法的优点在于测量参数容易获取，对植物破坏性小，效率较高。不同植被类型的 LAT-NDVI 经验算法公式如表 6-3 所示。

对生长季平均的空间格局及演变特征进行分析，叶面积指数遥感数据集空间分辨率为 250 米。对比 2000 年、2005 年、2010 年、2015 年生长季叶面积指数年均值空间分布（图 6-8），数值范围逐年升高，从 2000 年数值范围 0 ～ 79.65，到 2015 年数值范围 3.76 ～ 97.43。分布区域呈现出从中心城区向各区县递增分布，中心城区叶面积指数值表现为增加趋势；2000 年和 2005 年农田分布区域数值较高；自 2010 年开始，分布格局呈现局部滨河森林公园形成碳汇空间，如永定河园博园、沙河至温榆河滨河公园、北运河滨河公园、清河及奥林匹克森林公园一带，翠湖湿地公园附近，说明城区蓝绿空间碳储存调节已有成效。

碳储存调节效应增长趋势占比为 53.08%，略高于减少趋势占比（46.92%）。显著增加的区域面积占总面积的 7.29%，大于显著减少的区域面积比例（2.21%）。碳储存调节效应显著增长的区域呈面状分布于中心城区，线性空间分布于潮白河怀柔城区段及密云水库下游段，沙河和清河至温榆河、永定河城区段、怀柔水库等。显著减少的区域多分布在凉水河廊道区域。

表 6-3　不同植被类型的 LAT-NDVI 经验算法公式表

植被类型	回归方程
针叶林	LAI=1.8（NDVI ＋ 0.069）/（0.815 － NDVI）
针阔混交林	LAI=4.686 NDVI /（1.181 － NDVI）
温带落叶灌丛	LAI=8.547 NDVI － 0.932
阔叶林	LAI=7.813 NDVI ＋ 0.789
农田	LAI=6.211 NDVI － 1.088

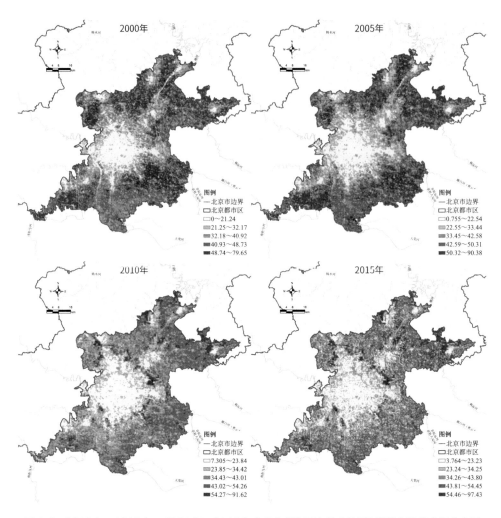

图6-8 2000年、2005年、2010年、2015年北京大都市区生长季叶面积指数年均值空间分布图

3. 碳储存调节服务

植被覆盖与碳储存调节服务关联度较高。植被覆盖在一定程度上可以反映碳通量等生物物理过程，在碳蓄积量等方面应用广泛。植被作为陆地生态系统的重要组成部分对生态环境功能的维持具有关键作用。植被净初级生产力（NPP）是指单位面积上绿色植被在单位时间内由光合作用生产的有机质总量扣除自养呼吸的剩余部分。植被净初级生产力是表征陆地生态系统功能及可持续性的重要参数之一，不仅直接反映生态系统在自然环境条件下的生产能力及质量状况，而且也是判定生态系

统碳源 / 汇的重要因子。已有研究表明，都市区总体为碳源，而城市绿地植被可称为城区内的局部碳汇（孙守家，2019），植物碳吸收存在抵消人为排放二氧化碳总量的作用。植被数据主要为归一化植被指数（NDVI），采用 MODIS-NDVI 产品，空间分辨率 250 米，时间分辨率 16 天；气象数据来自中国气象科学数据共享服务网（http://www.escience.gov.cn/metdata/page/index.html）。采用植被覆盖度（Fractional Vegetation Cover，FVC）作为主要的植被指标。该指标能够有效降低无植被区域光谱特征带来的不确定性，提升分析精度，并得到广泛应用。FVC 是采用像元二分法对 NDVI 数据进行处理所得。采用线性回归方法对 FVC 变化情况进行逐像元定量分析。通过 CASA 模型反演 NPP，主要公式如下：

$$NPP\ (x, y, t) = APAR\ (x, y, t) \times \varepsilon\ (x, y, t) \tag{6-12}$$

式中：$APAR\ (x, y, t)$ 表示在空间位置 (x, y) 处的像元在 t 月份吸收的光合有效辐射（MJ/（m^2·月））；$\varepsilon\ (x, y, t)$ 表示在空间位置 (x, y) 处的像元在 t 月份的实际光能利用率（g·C/MJ）。

如图 6-9 所示，2000—2005 年，植被覆盖度为显著正相关的占 0.9%，显著负相关的占 8.7%。显著减少面积远大于显著增加面积。根据植被覆盖度的变化情况，结合规划内容，永定河河道内处于干涸状态，永定河城区段呈显著正相关，植被覆盖度增加明显；温榆河植被覆盖度增加但不显著；潮白河干涸段显著正相关。然而，2000—2005 年每年新增绿化面积近 0.2 万公顷，绿化与水体的蓝绿空间关系不紧密，植被覆盖度增加区域与主要道路绿化和第一道绿化隔离带的规划联系明显。城市中心区主要的显著增加点均落在绿化隔离带内，包含北小河公园、北辰高尔夫球会、东升八家、海淀公园及万柳高尔夫球场等。显著减少区域有一大部分落在了第二道绿化隔离带内。

2005—2010 年，植被绿化面积变化与水体分布之间的蓝绿空间关系仍不紧密。植被覆盖度呈显著正相关的占 6.7%，显著负相关的占 2.3%。显著变绿的区域大于显著变棕的区域，绿化环境改善主要分布结构呈现于第一道绿化隔离带、潮白河、永定河区域。以奥林匹克森林公园为代表的第一道绿化隔离带以内 2005—2010 年绿地总面积达到 128.1 平方千米，占规划绿地总面积 156 平方千米的 82%。永定河与潮白河修复结合夏奥会和园博会举办使两河明显变绿，但干涸状态仍持续，河流作为廊道形态的生态恢复仍有不足。

2010—2015 年植被覆盖度变化空间与河流水系空间出现了显著交集。植被覆盖度显著正相关的占 22.5%，显著负相关的占 0.9%。显著增加的比例远高于显著减少的比例。显著变绿的空间与北京永定河、潮白河、温榆河、沟河、凉水河、永定河引水渠、通惠河、沙河水系出现了明显的格局重合。百万亩造林自 2011 年规划，

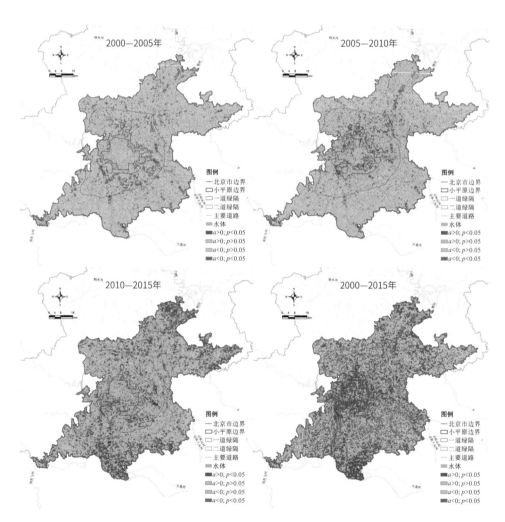

图 6-9　北京都市区植被覆盖度在 2000—2015 年的变化趋势（$a<0$ 为减少趋势，$a>0$ 为增加趋势）和显著性水平（$p<0.05$ 为通过 95% 置信度，$p>0.05$ 则不通过）

2012 年实施，第一年 25.3 万亩（约 1.687 万公顷），第二年 36.4 万亩（约 2.427 万公顷），第三年 43.3 万亩（约 2.887 万公顷），共计 105 万亩（7 万公顷），到 2015 年完成造林，造林区域考虑了沿河绿化工程。平原地区的森林覆盖率从 14.85% 提高到了 20.85%，植被覆盖度达 39%；沙河水库附近昌平新城滨河森林公园、顺义新城滨河森林公园、平谷新城滨河森林公园可见踪影，永定河发展带明显，特别是北京段下游地区洪泛区（规划为风沙治理区）地下水严重超采区——永定河泄洪区恢复明显。黄村念坛公园、清源公园一带，南海子公园及以北区域、京津塘高速城区段京沪高速段、凉水河城区段、温榆河和北运河、潮白河下段及潮白河地下水回补区（规划风沙治理区）、平谷丫髻山经济林规划范围内（蓟运河水系湿地区），京密引水渠以南、大沙河以北农田林网地区均呈现显著增加。

2000—2015 年植被覆盖度显著负相关的占 12.3%，显著正相关的占 29.4%，显著增长的面积占主要地位。主要集中分布于老城区、永定河、潮白河、大沙河—温榆河—北运河、京沈线，以及南部远郊区永定河泄洪区。从植被覆盖度的平均值可以发现，变化趋势可分为三个阶段，基本和划分阶段一致：2000—2006 年逐年减少至 2000—2015 年最低值，2006—2009 年呈倒 "U" 形增长，2009—2015 年呈逐年升高的趋势。

6.2 基于土地利用的生态系统服务制图

生态系统因其对人类生活的基本服务及支持这些服务的功能而得到认可（MA，2005c）。由于忽视了重要的生态系统服务的作用和过度开发某些服务的影响，许多环境问题侵蚀了其他服务的功能基础，并可能产生新的环境危害（MA，2005a）。在水治理和管理系统中，绝大多数的重点都放在了供给服务上，而支持和调节服务在很长一段时间内基本上被忽视了（MA，2005b；Russi 等，2013）。供给服务，如灌溉用水供应，提供了最直接的社会经济效益。相应地，治理和管理系统也围绕着保证和规范这些服务而发展。无效的治理系统和对复杂相互依赖关系的忽视往往导致对某些供给服务的无效使用和过度开发，从而损害生态系统的整体完整性（生态完整性），对人类福祉造成长期负面影响（Howe 等，2014）。例如，集约化的农业生产产生了供给服务和调节服务之间的权衡（Elmqvist 等，2011）；粮食、纤维或生物燃料的生产依赖并影响着淡水的供应；农业活动可能会严重阻碍对水净化或地下水回补等服务的监管（Pahl-Wostl，2019a）。调节服务的减少及水资源的直接污染可能对淡水供应产生不利影响，不仅对农业，而且对饮用水供给也是如此。服务之间的相互依赖通常是复杂的，并且存在于不同的空间和时间尺度上，负面影响只有在相当长的时间滞后和与造成负面影响的活动在空间上错位之后才会感觉到。这种相互依赖给生态系统与涉水规划和实施带来了相当大的挑战。与生态相互依赖但不匹配的协调结构会降低资源使用的可持续性。在这种情况下，人们可以讨论由生态系统服务交互和社会交互调节的行为体之间的相互依赖关系，从而调整这种相互依赖关系。社会－生态契合度的缺乏使得实施变得困难（Bodin 等，2014）。

6.2.1 生态完整性和生态系统服务的指标

1. 生态完整性综合指数的变迁

生态完整性是支持和保持一个平衡、综合和适宜的生物系统的能力，即生态系统结构和功能的完整性。生态系统功能可以用生态完整性来描述，生态完整性综合指标（表6-4）描述了与生态系统长期功能性和自组织能力相关的结构和过程。结构与数量和特征有关，例如选定的物种（生物多样性）和物理栖息地（非生物异质性）。

表 6-4　生态完整性综合指标列表

生态完整性	依据	潜在指标
非生物异质性	为不同物种、功能群和过程提供合适的栖息地对生态系统的运作至关重要	非生物生境成分多样性指数；异质性指数，如土壤中的腐殖质含量；数量/区域的栖息地
生物多样性	有或没有选定的物种、功能群、生物栖息地组成或物种组成	代表了某一现象或对明显变化敏感的指示物种
生物水流动	系统中植物过程对水循环的影响	蒸腾作用/总蒸散
植株代谢效率	维持特定生物量所需的能量，也作为系统的压力指标	呼吸/生物质（代谢熵）
烟捕获	生态系统增加可用能量投入的能力。烟能（Exergy）是由热力学推导出来的，用来测量能转化为机械功的能量分数。在生态系统中，捕获的烟能被用来建立生物量（如通过初级生产）和结构	净初级生产；叶面积指数
减少养分流失	系统中元素的不可逆输出，即养分收支和物质流动	氮、磷等营养物质的淋滤
存储容量	系统的营养、能量和水收支，以及系统在可用时储存它们和在需要时释放它们的能力	可溶解的有机物质；土壤中的氮、碳；生物量中氮、碳

资料来源：基于 de Groot 等，2010；Burkhard 等，2009；MA，2005。

过程指的是生态系统的能量收支（烟捕获，如生物质生产）、物质收支（存储容量和减少养分流失）和水收支（生物水流动和植株代谢效率）。

　　由图 6-10 中可以看出北京市生态完整性综合指数高值区主要分布在北部和西南部山区，生态完整性指数不断升高。伴随着北京市建设用地面积增长，大都市区的生态完整性不断降低，不具有生态完整性的区域呈现由中心向边缘不断扩张的趋势。1990—2000 年，北京市西北山区生态完整性指数显著升高。北京"河渠综合治理时期"处于城市化进程的初步成长阶段，城市发展正在经历集聚过程，城市规模不断扩大，北京大都市区生态完整性指数显著降低。2000—2010 年，北京市西北山区生态完整性指数较明显地升高，门头沟区及房山区所处山区生态恢复明显，可明显看出房山区西部生态完整性的大幅提高。北京城市化进程在这个时期由初步成长期进入高速成长期，北京城市中心集聚规模已累积到一定程度，正逐渐开始向外扩散，原有绿色基底受到破坏，北京郊区生态完整性显著降低。2010—2020 年，西北山区生态完整性指数总体变化不明显，仅密云水库上游生态完整性指数明显升高，北京以"摊大饼"的方式不断蔓延，大都市区生态完整性呈现进一步降低的趋势。

2. 生态系统调节服务综合指数的变迁

除了生态完整性，生态系统调节服务也与生态系统功能相关（表6-5）。由于它们难以量化，大多数评估都是基于模型计算的（Jørgensen 等，2012）。此外，调节服务的某些组成部分与生态完整性过程重叠，例如，与营养或水调节有关的过程。因此，合并和重复计算生态完整性变量和生态系统调节服务的风险是固有的。在解释结果时必须认识到这一点。

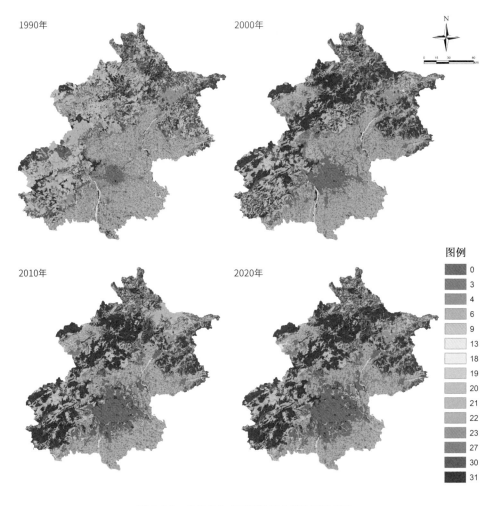

图 6-10　北京市生态完整性综合指数时空变迁

表 6-5　生态系统调节服务综合指标列表

生态系统调节服务	依据	潜在指标
当地气候调节	土地覆盖的变化会局部影响温度、风、辐射和降水	温度、反照率、降水、风；温度振幅；土壤水分蒸发蒸腾损失总量
全球气候调节	生态系统通过吸收或排放温室气体在气候调节方面发挥重要作用	水蒸气、甲烷、二氧化碳的源和汇
防洪	抑制极端洪水事件的自然因素	造成损失的洪水次数
地下水回补	径流、洪水和含水层补给的时间和幅度可能受到土地覆盖变化的强烈影响，特别是包括改变系统储水潜力的变化，例如湿地的转换，农田取代森林，或农田取代城市地区	地下水补给率
空气质量调节	生态系统从大气中清除有毒和其他元素的能力	叶面积指数；空气质量振幅
侵蚀调节	植被覆盖在土壤保持和滑坡防治方面起着重要的作用	水土流失，因风或水而流失的土壤颗粒；植被
营养调节	生态系统进行（再）循环的能力，例如：氮、磷等	氮、磷或其他养分的周转率
水质净化	生态系统有净化水的能力，但也可能是淡水中的杂质来源	水质、水量
传播授粉	生态系统的变化影响传粉者的分布、丰度和有效性。风和蜜蜂帮助许多栽培植物繁殖	植物产品数量；植物的分布；传粉者的有效性

资料来源：基于 de Groot 等，2010；Burkhard 等，2009；MA，2005。

由图 6-11 中可以看出，北京市生态系统调节服务综合指数高值区主要分布在北部和西南部山区，大都市区的综合指数较低。伴随着怀柔区封山育林生态工程、延庆平原造林、五河十路平原生态林管护工程的实施，昌平山区生态林补偿机制的执行，以及门头沟新区绿色廊道的建设，西北防护林区调节能力不断提高。建成区则明显看出随着绿化隔离带地区的建设逐渐形成绿色斑块，形成绿色廊道的格局，提高了大都市区的生态系统调节服务能力。

1990—2000 年，门头沟区、昌平区、延庆县、怀柔区生态系统调节服务综合指数高值区显著增加，其中永定河流域生态系统调节服务能力显著增加，建成区调节能力较差，调节服务低值区由中心至边缘不断扩大。

2000—2010 年，大清河流域调节能力明显提高，密云区北部调节能力下降，西北山区其他区域调节能力提高。大都市区生态系统调节服务低值区明显扩大，但伴随着北京"见缝插绿"的绿化建设，中心城区绿色斑块增加，在一定程度上缓解了城市扩张带来的调节压力。

2010—2020 年，山林区调节能力没有显著变化，建成区调节服务低值区进一步扩大。密云水库上游区域实施一系列保水工程，退耕禁种，恢复密云水库周边、清水河、潮河、白河湿地 178 公顷，使全区湿地总面积达到 1.14 万公顷，从而使得生态系统调节服务能力显著提高。

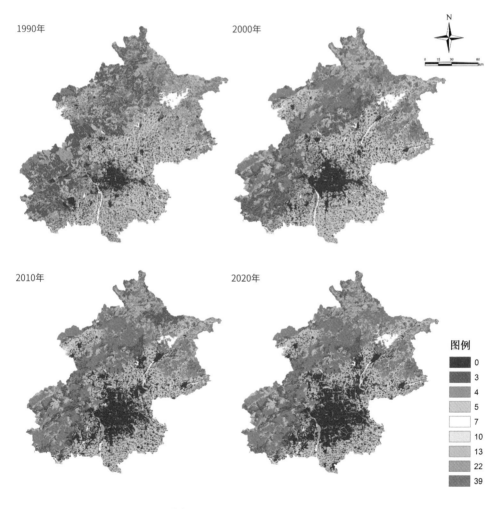

图 6-11　北京市生态系统调节服务综合指数的时空变迁

3. 生态系统供给服务综合指数的变迁

生产值和交易值及产品的市场价格是供给生态系统服务的评价指标。因此，提供服务似乎相对容易量化，只是必须考虑不断变化的市场、资源稀缺或改变生产和贸易模式。

图 6-12 显示，1990—2020 年北京市生态系统供给服务综合指数高值区主要分布在北部和西南部山区，大都市区的综合指数低。供给服务空间有所增多，整体上供给格局呈优化趋势，特别是北部和西南部山区供给能力显著增强，但大都市区建成

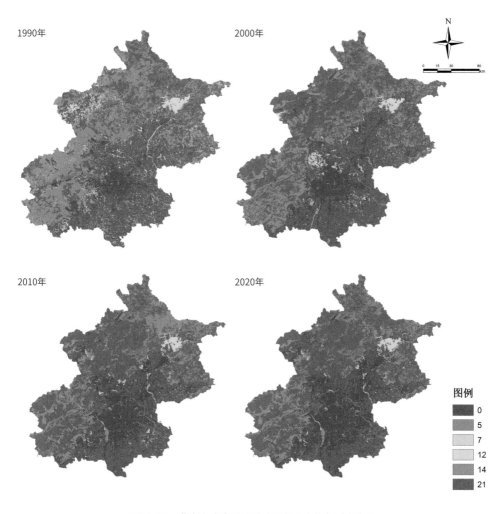

图 6-12　北京市生态系统供给服务综合指数时空变迁

区面积扩张,供给服务面积在不断萎缩,总体供给能力有限。随着河流生态廊道的建设,北京第二道绿化隔离带逐渐由破碎化点状斑块形成面状大型斑块和廊道,楔形和环形供给服务空间不断恢复并提高建成区供给服务水平。

1990—2000 年,永定河流域、大清河流域生态系统供给服务综合指数显著提高。城区建设用地增加,近郊区耕地显著减少,耕地附属灌溉明渠伴随着耕地的减少而减少甚至消灭,近郊区供给服务水平显著下降,但同时远郊区供给服务水平逐渐提升。2000—2010 年,西北山区生态系统供给服务高值区仍在增加,突出体现在大清河流域。潮白河流域上游区域供给服务综合指数明显降低。人口集中的建成区生态恢复持续深入,突出体现在河流水系的生态恢复、拓宽中心城区与城市副中心区之间的绿色生态廊道的建设、大运河文化带的建设和温榆河绿色走廊的建设,永定河、潮白河流域生态得以修复,水系流域形成带状的区域,供给服务水平的提升。2010—2020 年,生态系统供给服务综合指数变化不显著,潮白河流域上游区供给服务综合指数明显提高,永定河流域供给服务综合指数伴随着生态生态廊道的建设而提高。

4. 生态系统文化服务综合指数的变迁

生态系统文化服务的评价具有较大的主观性和价值承载性,因为个体或群体具有不同的价值体系和需求(MA,2005)。经验、习惯、信仰体系、行为传统、判断及生活方式等因素都必须考虑在内。所有这些都更多地与观察者相关,而不是生态系统条件(Kumar 和 Kumar,2008;Hansen-Moller,2009)。尽管如此,关于景观作用的理解已经取得了许多科学进展,如文化认同(Hunziker 等,2007;Fry 等,2009)。此外,生态系统文化服务类别的概念界定和空间定位也存在问题(Gee 和 Burkhard,2010;Frank 等,2012)。与生态系统其他服务类别相比,确定生态系统文化服务的功能、效益和价值在空间上明确的单元可能更具挑战性。

因此,我们建议只考虑两类生态系统文化服务(娱乐和审美价值,生物多样性的内在价值,表 6-6)并进一步研究其具体界定空间。基于访谈、问卷调查或其他信息来源的量化可以提供有用的和空间明确的结果(Sherrouse 等,2010)。对于某些生态系统文化服务,例如娱乐,使用的是游客人数或在特定地点过夜的人数。生物多样性的内在价值被放在生态系统文化服务的范畴内,虽然这一范畴可能不是欣赏自然和物种多样性本身(除了它们对人类福祉的贡献)的最合适位置,但在许多可

表 6-6　生态系统文化服务综合指数列表

生态系统文化服务	依据	潜在指标
娱乐和审美价值	特指景观与视觉品质的对应； 案例研究区，它的好处是人们从观看风景中获得的美感和相关的娱乐效益	参观者或设施的数量；个人偏好问卷
生物多样性的内在价值	超越经济或人类利益的自然和物种本身的价值	濒危、受保护、稀有物种或栖息地的数量

资料来源：基于 de Groot 等，2010；Burkhard 等，2009；MA，2005。

利用的生态系统服务概念中，生物多样性指标没有得到充分的考虑，甚至根本没有得到考虑（TEEB，2010）。因此，在目前定义的生态系统服务类别中，生态系统文化服务可能是最适合反映物种和自然内在价值的。

图 6-13 显示，伴随着城市的发展，北京市西北山区生态系统文化服务水平不断提高。随着各个水系流域与遗产走廊的生态保护与建设，大都市区文化服务高值区不断集中形成斑块，各个斑块相互联系形成文化服务带。1990—2000 年，大清河流域、永定河廊道、温榆河廊道生态系统文化服务能力显著提高，大都市区生态系统文化服务能力较弱，永定河与潮白河呈现较为明显的线性廊道河散布的文化景观斑块格局。

2000—2010 年，西北山区生态系统文化服务能力进一步提高，其中房山区东部尤为明显，但密云水库上游生态系统文化服务水平降低，大都市区永定河廊道、北运河流域生态系统文化服务显著提高，形成带状生态走廊，三山五园、南海子公园等依托历史文脉的公园及绿岛建设也提高了大都市区的生态文化服务水平。

2010—2020 年，西北山区生态系统文化服务能力伴随着小流域的生态保护、遗产走廊的生态建设而进一步提高，大运河遗产廊道、永定河廊道及第二道绿化隔离带地区提升较为明显。北京市生态涵养区包括门头沟区、平谷区、怀柔区、密云区、延庆区，以及昌平区和房山区的山区部分，通过持续实施百万亩造林绿化、京津风沙源治理、永定河综合治理和生态修复等重点工程，全面实施清洁空气行动计划，全面落实河长制等，2017 年生态涵养区 PM2.5 年均浓度低于全市平均水平；森林覆盖率达到 53.25%，比全市高 10.25 个百分点；人均公园绿地面积 25.9 平方米，比全市高 60%，西北山区生态系统文化服务水平整体提升。游憩文化服务水平不断提高，形成了以三山五园地区、南苑森林湿地公园、朝南万亩森林湿地公园为重点绿色空间的城市公园环，形成了以沙河湿地公园、温榆河公园、南海子公园、石景山区浅山区为重点绿色空间的郊野公园环。大运河文化带和西山永定河文化带的不断建设提高了北京遗产文化服务能力。随着北京绿化隔离带和遗产文化带的建设，建成区破碎的生态系统文化服务斑块逐渐呈带状，形成环形生态系统文化服务系统。

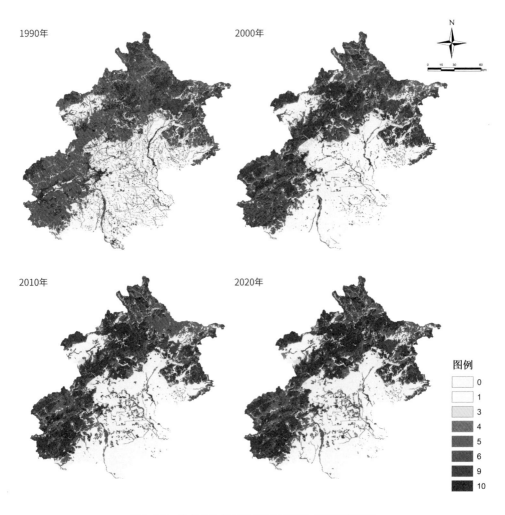

图6-13 北京市生态系统文化服务综合指数时空变迁

6.2.2 景观供给生态系统服务的能力

生态系统服务供需研究在生态系统服务研究领域占据重要位置。生态系统供给与需求作为生态系统服务的生产端与消费端，在生态系统服务中缺一不可，从生产到消费的过程都离不开人类的生态需求。识别生态系统服务中的供需双方，准确定位供给区与受益区，对于土地利用、生态补偿等管理决策的制定具有重要的指导意义。

不同的生态系统根据其结构和过程（即生态完整性）具有不同的功能，因此，提供人类使用的特定生态系统服务的能力可能存在很大差异（巴斯蒂安 等，2012）。生态系统提供单个服务的能力与自然条件密切相关，例如，植被、水文、土壤条件、动物、海拔、坡度和气候；生态系统提供的单个服务也受人类影响，主要是土地利用变化和污染排放等。在确定不同生态系统提供服务的能力时，采用来自遥感、土地调查、模型模拟和统计数据的土地覆盖信息相对合适。通过将这些特征与数据进一步整合，可以评估生态系统的状态及其提供生态系统服务的能力，并将其转移到不同空间和时间尺度的地图上。考虑到当前的状态和实际或潜在的土地利用变化，结果可以揭示自然条件和人类活动随时间变化的模式，以及不同生态系统提供生态系统服务的能力。

生态系统服务能力测绘，基于 Landsat 30 米遥感影像生产的全国土地利用数据产品，按照国家土地利用分类方法，结合刘纪远等在建设"中国 20 世纪 LUCC 时空平台"时建立的 LUCC 分类系统，将土地利用类型归结为包括耕地、林地、草地、水域、建设用地和未利用地在内的 6 个一级类型，以及包括林地、灌木林、疏林地、其他林地和高、中、低覆盖度草地等在内的 18 个二级类型。

几乎所有生态系统服务评估都面临的一个主要问题是确定适当的指标和数据来量化广泛的生态系统服务（Seppelt 等，2011；华莱士，2007）。一种解决方案是利用专家评估来获得生态系统服务评估的概况和趋势（Burkhard 等，2009；Scolozzi 等，2012；Busch 等，2012）；另一种是 Burkhard 等（2012）提出的综合评估方法，即基于文献集合推导出将不同土地覆盖类型与生态系统服务供给能力和需求联系起来的假设值。在随后的分析中，专家的评价值可以不断通过监测、测量、计算机建模、有针对性地访谈或统计数据迭代。在世界若干区域范围的案例研究中已经成功地做到了这一点，包括我国的长江三角洲区域，青海 – 西藏高原区、东北地区。以矩阵的形式将 7 个生态完整性指标和 22 个生态系统服务与北京地区 18 个土地覆盖类型联系起来。参数等级划分为：0= 没有与特定土地覆盖类型相关的能力用于支持所选的生态完整性组成部分或提供所选的生态系统服务；1= 低相关能力；2= 有相关能力；3= 中等相关能力；4= 高相关能力；5= 极高的相关能力。

6.2.3　人类对生态系统服务的需求

根据定义，生态系统服务仅仅是一种服务，如果没有人类作为受益者，生态系统的功能和过程就不是服务（Fisher 等，2009）。换句话说，人们必须有一定的需求来使用特定的生态系统服务。为了评估生态系统服务的需求，需要它们的实际使用数据。这些信息可以从统计、建模、社会经济监测或访谈中获得。采用一个类似于生态系统服务供给评估的矩阵，显示生态系统服务需求的初始假设。在 y 轴上再次显示不同的土地覆盖类型；在 x 轴上列出调节、供给和文化生态系统服务。需求矩阵中不包括生态完整性成分，因为生态完整性指的是不直接支持人类福祉的生态系统功能。需求矩阵的值表明：0= 该土地覆盖类型内的人群对所选生态系统服务没有相关需求；1= 低相关需求；2= 有相关需求；3= 中等相关需求；4（红色）= 高相关需求；5= 极高的相关需求。

矩阵表明人类主导的土地覆盖类型对生态系统服务的需求最高（城市、农村和其他建设用地的需求最高）。更接近自然的土地覆盖类型的特点是人口数量普遍较低，生态系统服务消耗活动较少，因此需求较低。农业土地覆盖类型具有对生态系统调节服务（如营养调节、水净化、授粉等）的需求较高的特征。利用类似于生态系统服务供给评估时的空间单元，可以生成相应的生态系统服务需求地图。

6.3 涉水规划对水生态服务效应的作用成效与问题

一致性评价是指对实际情况与规划内容的一致性程度的探索。以决策为中心的绩效评价侧重于执行过程中的实际作用。以目标为导向的绩效评价揭示了实际情况与规划目标之间的差距，可以通过规划目标的实现程度来确定。我们据此提出了一个创新的理论框架，试图从目标导向的角度来整合一致性和绩效性（图6-14）。其中，基于一致性的评价试图回答以下问题：实施结果是否与规划内容一致？基于绩效性的评价，需要强调的是目标导向的绩效，寻求回答以下问题：规划实现目标是否达到？什么是生态服务效应？目标导向的绩效性评价集中于实施的结果、过程和有效性。

涉水规划对水生态服务效应各涉水规划阶段作用成效进行了等级划分，在图6-14中，a1表明成效好，实施结果与规划一致，且有正的生态服务效应，也就说明了与规划目标相关性高，出现与规划目标相关性低的情况较少。b1说明，虽然实施结果与规划不一致，但生态服务效应为正，且与规划目标相关性高，即目标达成了，在规划实施过程中有决策性的变动，仍然有成效。b2表示，虽然生态服务效应为正，

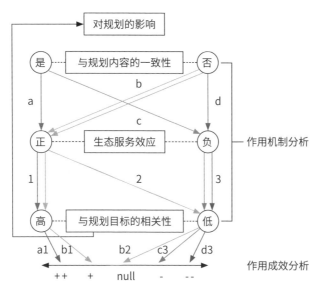

图6-14　地表温度数据流程图

但实施结果与规划内容、规划目标均未有联系，所以不作为生态规划的成效。c3 属于实施结果与规划一致，生态服务效应为负，且与规划目标相关性不显著，说明作用成效较差；考虑规划目标均为生态优化，因此研究假定生态服务为负效应的情况均不会出现与规划目标一致的情况。d3 属于规划实施了，但与规划目标呈负相关，一致性弱，生态服务呈负效应，说明作用成效差。技术路线图和评价流程框架图体现了景观格局—过程—功能效应科学的理论和方法特点，为北京大都市区尺度上的涉水规划到格局过程再到生态服务效应的链接提供了现实途径，将该理论和方法应用于区域涉水生态规划的综合定量研究，可夯实规划作用机理与成效的科学基础，能够切实降低结果的不确定性，降低现阶段普遍存在的笼统性和不具针对性，提高成果的现实可用性。

6.3.1 实施一致性较高但绩效性不足

规划实施良好的一致性并不意味着良好的绩效性；不充分的一致性并不意味着绩效性较差。21 世纪以来，北京城市涉水空间规划研究发展迅速，成效显著。如表 6-7 所示，2000—2015 年，实施空间高一致性比例一直高于空间低一致性比例；2000—2005 年高一致性比例（a1+a2）为 52.06%，2005—2010 年空间高一致性比例（a1+a2）为 62.58%，2010—2015 年实施空间高一致性比例增长到了 78.50%，一致性水平逐年提升。

基于生态服务的北京城市涉水规划实施绩效性呈降低的趋势（表 6-8）。规划范围内，2000—2005 年实施绩效性达到 74.96%，2005—2010 年降低至 44.77%，2010—2015 年有所升高，达到 54.88%。规划范围外的实施绩效性呈逐年降低趋势，2000—2005 年为较高水平，比例达到 58.18%，但 2005—2010 年和 2010—2015 年分别下降至 25.75% 和 21.44%。这说明绩效目标的实现情况有所改善，但并非令人满意。

北京大都市区启动百万亩造林工程等生态工程，目的是恢复生态环境，然而森林覆盖面积的增加主要是源于单一树种造林，而造林多数是在原本不支持森林的地区，对生物多样性和生态功能的影响不大。大面积植树会增加水资源消耗，北京市环境用水在 2010—2015 年也增长明显，大范围的植树造林在植被覆盖度的变化上明显，但在表达生态系统服务功能的植被净初级生产力的结果上不理想，环境用水与

表 6-7　北京城市涉水生态格局规划作用机制与成效时空变化比例

时段	规划范围内	规划范围外				
	总面积/平方千米	a1	b1	a2	b2	c1
2000—2005	815.21	50.05%	24.91%	2.01%	23.03%	43.27%
2005—2010	2535.07	38.52%	6.25%	24.06%	31.17%	4.02%
2010—2015	3392.56	48.44%	6.44%	30.06%	15.07%	3.08%

表 6-8　规划实施生态绩效性的时空变化

时段	规划范围内		规划范围外	
2000—2005	高绩效性	74.96%	高绩效性	58.18%
2005—2010		44.77%		25.75%
2010—2015		54.88%		21.44%

植被覆盖度的变化呈显著正相关。2015—2020 年政府仍以大力推进百万亩造林工程为目标，把平原造林的重点向城乡接合部、城市副中心区、新机场、冬奥会及世园会场馆周边和沿线集中，水资源面临巨大挑战，水资源可持续性在逐年降低。可见大规模人工造林造成区域产水减少、径流减少和土壤干燥化，亦会对环境提出新的挑战，未发挥水体湿地的水文储存过程和生态服务效应。

6.3.2　专项规划在解决城市水问题上困难重重

北京为城市发展和建设制定了总体规划或专项规划。相关规划包括城市总体规划、城市防洪内涝规划、城市园林景观规划、城市道路专项规划、城市河湖规划等。由于这些规划大多集中在某一个特定的问题上，在解决整个城市水问题上困难重重。2014 年 10 月，住房和城乡建设部发布了《海绵城市建设技术指南——低影响开发雨水系统构建（试行）》，该指南大部分内容都强调了低影响开发实践，例如小海绵措施属于源头控制措施，但对分布于城市及其周边的河流和湖泊的修复，即大海绵措施关注较少。相较源头控制措施，河湖利用作为终端存储和排放措施，有更大的潜力排放雨洪水。城市虽然投入巨资，构建低影响发展模式，但缺乏对于整个海绵城市建设的指导方针，特别是海绵专项规划。

北京水问题早期研究遵循树状模型；20世纪90年代以前，学科研究主导了水文过程、农业用水等方面的研究，但是这样的研究并没有帮助扭转生态退化的趋势；湖泊湿地、河流湿地的退化使研究人员和决策者意识到，从模型中产生的专项规划是不够的。鉴于此，研究模型逐渐从树状向网状转变，该转变是结合多学科视角的，对理解水问题加剧与生态退化问题的路径是非常宝贵的。新的跨学科知识促使研究人员、中央和地方政府共同努力，共同设计研究，整合衔接方案，以确定更可持续地使用水资源的方法。为探索水、生态系统和经济的相互关系，规划人员须从水文学、生态学、环境科学和气候科学到经济学和法学扩展，向跨学科、以解决方案为导向的方法转变，以期在恢复退化的生态系统方面发挥重要作用。需要复杂的知识网络来理解水危机的本质和解决水资源短缺的可能方法。

6.3.3　规划与实施间的适应性不足

确定规划目标是规划工作的一部分，但单独的目标导向规划只是一种假说，而不是一张所谓的可以分毫不差干到底的蓝图，目标永远是动态的，须因势利导，与日俱进，并在实践中检验调整。

大部分的低一致性空间有助于改善城市区域的连通性和空间形式，从而间接优化城市水问题，如水质净化、生物多样性保护、地下水回补、水文化体现等。涉水空间规划没有遏制城市水问题的面积扩张，水的流动性特征与流域范围为单元的特征，决定了"拆东墙补西墙"的分区涉水规划对水问题的解决作用有限。涉水规划中过度实施保护措施会造成一种错误的安全感，从而降低应对能力，进而增加社会的脆弱性。基于一致性的规划实施评价只检查了实际的土地使用是否位于指定的区域，并未回答规划是否影响不一致性的基本问题。一致性标准将低一致性视为规划失败的观念过于简单化，不足以充分反映规划的实际影响。农田是低一致性空间的主要用地类型，而且大部分被占用的农田不在涉水规划旨在保护的范围内，却对河流湖泊等水系的纵向、横向和垂直向的完整性的维持必不可少。

7

大都市区涉水规划实施影响评价

7.1 联动关系评价

7.1.1 水资源短缺问题与水规划实施情况

南水北调中线每年引长江水 10 亿立方米，再生水利用量显著增加，北京市水资源紧缺状况得到改善，地下水严重超采状况将得到遏制。雨水收集利用工程的建设，新增蓄水能力 4000 万立方米。

再生水利用量指城市生活污水和工业废水，经过污水处理设施净化处理，达到再生水水质标准和水量要求，并用于农业灌溉、工业冷却、市政杂用（洗涤、冲渣和生活冲厕、道路喷洒、洗车）和环境用水（绿地浇灌、河湖补水）等方面的水量。

1. 潮白河（苏庄站）径流量变迁

地表水大量开发，主要是兴建水库、塘坝、截流和河道建闸拦蓄基流。潮白河（苏庄站）径流量变迁与沟渠排水、拦蓄水库及自来水厂三个实施对象的关联度最大。中华人民共和国成立初期，潮白河水资源丰沛。从 1950 年开始，对潮白河水资源开发逐渐加深，先后在潮白河中下游进行了多次治理，完成了护险复堤、潮白新河开挖、东引河扩大、青龙湾疏浚等工程。修建了密云和怀柔等八大水库，建立了京密引水渠，而后又修建向阳闸，拦蓄河道基流，补充自来水八厂和农田灌溉水源。潮白河自 1965 年起断流连续发生、断流时间增长、断流出现时间提前、断流河段不断向上游扩展。回顾潮白河水资源开发与利用历程，并结合潮白河径流量数据（表 7-1 和图 7-1），可发现以下情况。

① 1960 年以前无断流现象，这期间还处在大力防洪建堤、引水灌溉的过程。1960 年密云水库建设完成蓄水功能，随之而来的是密云水库以下各水文站实测径流量明显减少，可见密云水库的建设已展现出对河流径流的影响。

② 潮白河流域是建立水库的最主要区域。1971 年实施了作为潮白河历年重大工程之一的牛牧屯分洪工程，却在 1972 年、1975 年出现了严重的旱期。同时期，潮白河流域地下水资源自 20 世纪 70 年代兴起了大规模开采，随着市区地下水资源的开采殆尽，这一区域的地下水成为水厂供水开采的主角。潮白河赶水坝站水文监测显示 1972 年出现了第一次断流现象，并自此延续至今。

表 7-1 潮白河三大水文站监测数据

站点	起止年份	降水 / 毫米	径流量 / 亿立方米
戴营	1956—1966	540.35	3.88
	1967—1979	530.40	3.11
	1980—1989	451.68	1.58
	1990—1999	502.22	2.52
	2000—2020	516.40	0.00
张家坟	1956—1966	524.40	8.97
	1967—1979	514.19	6.63
	1980—1989	456.06	2.94
	1990—1999	490.37	3.51
	2000—2020	516.40	0.00
苏庄	1956—1963	597.35	20.10
	1964—1979	575.26	10.05
	1980—1989	509.62	1.65
	1990—1999	534.85	3.87
	2000—2020	516.40	0.00

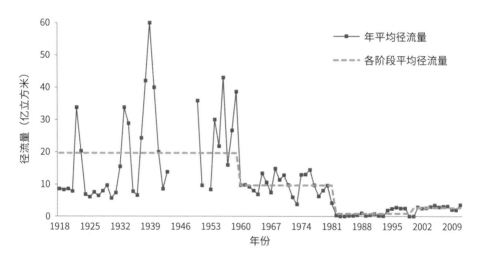

图 7-1　1949—2010 年北京潮白河（苏庄站）年平均径流量与各阶段平均径流量

③ 20 世纪 80 年代，作为北京经济迅猛发展的时期，工业耗水量和其他用水量的增加加剧了城市用水紧张问题，同时 1980 年和 1981 年连续两年干旱，于 1981 年建设向阳闸，拦蓄基流补给因抽水造成地下水位下降过快的自来水八厂和供给高碑店热电厂，并开始沿河打水源井超过 200 眼。潮白河流域每年向首都城区和其他流

域提供地表、地下水约 9 亿立方米。根据潮白河苏庄上游径流量监测数据，这一时期径流值自 1961 年以来又一次急速下降，可以推测潮白河河道取水量在这一时期处于急剧增加状态。

④ 1990 年以来潮白河上 7 座橡胶坝的修建加强了对汛期弃水的拦蓄，径流有所缓解，但依旧处于长期断流情况，只有当雨季暴雨时期，因水库过满而放水时才出现不稳定径流。

⑤ 1998—2015 年，这一时期潮白河很多段已经超 20 年呈无水状态。潮白河从季节性干涸变成了长期干涸。其附近分布有至少 5 个大型高尔夫球场，并常年开采地下水。潮白河干流主要井群有市自来水八厂井群、顺义区二、三水厂井群、引潮入城备用水源地井群、燕京啤酒厂井群、通州水厂井群、东方化工厂井群，年地下水供水量近 3 亿立方米，导致地下水位下降无法补给河道。加之河底地下水受到污染、河道大面积采砂行为，潮白河生态环境问题日益复杂和严重。

⑥《潮白河流域水系综合治理规划》于 2011 年规划批复以来，只实施了部分河道治理工程，整体规划落实欠佳，尤其是苏庄站—市界段。北京市从 2015 年开始，分别利用南水北调中线水源、密云水库、怀柔水库，以及周边水库水源，对潮白河实施了调水工程。南水北调来水引入潮白河水源地工程利用现有水利工程设施，将南水北调来水经小中河流入东水西调与小中河汇合口，再沿东水西调干渠反向流入牤牛河汇合口，然后沿牤牛河流入怀河最终汇入潮白河。虽形成点状蓄水水面，但未形成廊道形式的生态河道，40 千米的河道尚处在断流状态。2015—2020 年累计调水 6.5 亿立方米，潮白河流域水资源的紧缺状况得到一定缓解。

2. 永定河（卢沟桥站）径流量变迁

永定河（卢沟桥站）径流量变迁（图 7-2）与治导工程、拦蓄水库及自来水厂的关联度最高。永定河从中华人民共和国成立以来经历了很多次拦蓄工程、治导工程、堤防工程、险工护砌、分洪滞洪工程，旨在控制洪水，并尝试调蓄雨洪。在控制的同时利用永定河供给城市用水和农业灌溉、水能利用、沙石开采。北京大规模的拦蓄水库与治导工程主要集中于 1958—1965 年，其中治导工程基本均来自于永定河的防洪治理内容（彭国用，2002），永定河防洪治理通过不断加高加固堤岸，在 1966 年、1967 年、1969 年、1973 年、1974 年、1976 年、1978 年、1979 年、1980 年、1982

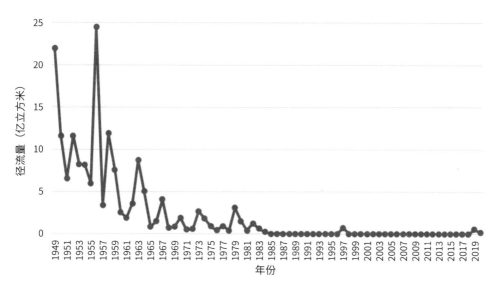

图 7-2　1949—2020 年永定河（卢沟桥站）径流量变迁

年、1983 年、1984 年连续修建。永定河（北京段）上建立的拦蓄水库包含官厅水库、落坡岭水库、珠窝水库、南马场水库、崇青水库、大宁水库等，即便永定河已断流仍在进行防洪工程。为了利用永定河水，采取修引水渠引水工程（1956 年）。官厅水库的蓄水导致了河流的断流。官厅水库来水量以年均 2300 万立方米的速度锐减，导致出库水量相应地由 20 世纪 50 年代的 20 亿立方米减少到 2008 年的 4300 万立方米，所以三家店引水量相应减少，引水量占据三家店来水量的比重值却呈增长趋势，从 1957 年的约 20% 升至 20 世纪 60 年代的 50% 左右，20 世纪 70 年代以来引水比例持续在 80% 以上，甚至达到 100%，使得三家店径流量在官厅水库建库后以年均 3500 万立方米的速度减少至基本为零。这也就导致了永定河平原段从不定期泛滥到 20 世纪 80 年代基本无水，40 年持续干涸，河床裸露，风沙肆虐。2020 年引黄工程生态补水短暂地实现了北京市境内永定全线贯通，多数时段只在城镇附近才能看到人工湖泊或河流的景象，其余沿河几乎没有径流。

　　关于自来水厂的建立与永定河水径流量的关系：对永定河（北京段）水资源的使用自 1957 年修建永定河引水渠开始。在 1965 年京密引水渠修建之前，永定河是北京城区供水唯一的地表水源。20 世纪 50 年代末永定河径流量发生了明显减少，随后逐年衰退。20 世纪 80 年代将永定河有限的水资源几乎全部用于北京西部工业用水，永定河径流量又一次明显下降。运行到2000年，上游来水总计320.3亿立方米，通过拦河闸下泄111.9亿立方米，其中泄洪37.9亿立方米，引水总计208.4亿立方米。建库40年，三家店引水枢纽工程为北京工业供水226亿立方米，占总供水量的68%。由于本书中工业水厂仅涵盖以打井为水源的水厂，自来水厂是地表水源供水的媒介，引水供水途径的增加与永定河径流量的减少也存在密切联系。此外，永定河（北京段）流域地下水埋深受到了上游官厅水库出水量和永定河三家店地表径流均减少的显著影响（钟佳 等，2011），可见历次防洪规划、水源规划对水资源紧缺问题的影响最为明显，断流引起的沙化现象加剧了河水防洪、缺水与生态环境之间的矛盾。

3. 地下水开采与回补

通过对北京年平均地下水位下降问题与水规划实施情况的关联度分析发现，自备井开采与之关联度最高，工业水厂井群和自来水厂的关联值次之。1949年以来，人口和工农业用水需求增加，地表水受到污染，加大了对地下水的开发利用。尤其对抗旱灾，郊区多采用打井抗旱的措施缓解需水压力。特别是1966—1978年，随着1962年和1965年两次大的干旱，城市和乡村打井取水行为进入了空前高潮。1961年，政府刚开始对地下水采取详细勘测，当时地下水勘测结果显示北京地下水丰富且水质较好，适合于灌溉和饮用，这也是大规模利用地下水的重要原因。这一时期，摒弃地表水厂的修建计划，改为在市区修建地下水自来水厂，修建了5个地下自来水厂；各单位也开始大肆增加自备井，市区地下水自备井开采量从这一时期开始大幅增加。一时间地下水位下降加大（图7-3），北京地面沉降率明显上升，沉降速度加快。然而观察同时期人口数量变化处于基本无增长时期，人口无变化的情况下，地下水位快速下降，说明打井数量的成倍增加加快了地下水位下降等问题，即鼓励打井的政策规划是地下水位下降严峻的一个重要原因。这一以需定供来满足灌溉与饮用供水的规划政策加剧和加快了地下水沉降。20世纪80年代初期发现北京用水规模超过北京可用水资源，对用水结构、农业产业结构进行调整，地下水位变化进入了一段时期的平稳期，地面沉降率也有所回落，但随着人口的增长率逐年加大，地下水位在20世纪90年代后期下降趋势再一次加强，地面沉降率也不断加大。北京大都市区因过量抽取地下水引起含水层尤其是中深层和深层承压含水层水位持续下降，导致各土层有效应力增加，出现不同程度的压缩（Chen 等，2020）。自1999年以来，

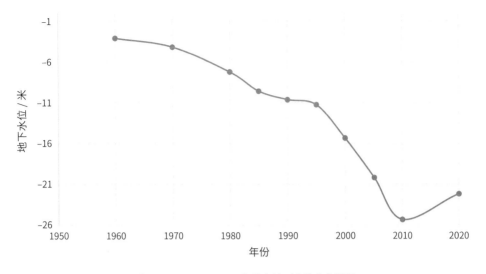

图 7-3 1949—2020 年北京地下水位变化情况

北京因水需求增加和长期干旱而严重缺水，供需矛盾导致了地下水的过度开采。北京地下水不可持续开采引发了严重的环境地质问题，例如，大面积地面沉降、地下水质量恶化、水生生态系统破坏等都是由地下水位下降引起的，这些都在北京得到了充分的记录。地下水储存量的回升与降水量增加、地下水开采减少及相关的补给增加有关。2010 年前后恢复地下水储存量是降水量增加所致，2000—2019 年的最高年降水量为 552 毫米（2011 年）至 708 毫米（2012 年）。自南水北调的水进京的第二年（2015 年）以来，地下水水位的恢复受到气候变化和人类活动的双重影响，北京市开启了大规模自备井置换和地下水源地压采减采工作。平谷、怀柔等应急水源地得以"休养生息"，地下水水位开始节节拔升。地下水年开采量从约 20 年前的近30 亿立方米，下降到约 13.5 亿立方米。地下水位平均埋深有所回升，2020 年埋深为 22.2 米。

4. 玉泉山出水量减少至无水

玉泉山出水量变迁与自来水厂建设变迁的关联度最大。因为玉泉山出水量到1975 年已完全为零，准确地说应该是与早期自来水厂的建设关联度高。资料记载，1975 年以前自来水厂的修建均以地下水作为水源（水源六厂含有部分地表水源），水厂建成后对地下水大量开采，地下水位的下降对玉泉山出水量的急剧下降带来了很大冲击，直至玉泉山不再出水。

7.1.2 水污染问题与水规划实施情况

1. 废污水排放量增加

引起水污染问题的直接原因是废污水排放的点源污染和农田、地表径流的面源污染。而就规划实施的机制与水污染情况的关联来看，废污水排放量增加与污水处理厂的实施滞后关联度最高。

在北京人口增加的背景驱动下，北京废污水排放量在 1949—1975 年呈快速增长趋势，随后增长较缓，并于 2000 年后开始呈缓慢下降的趋势，说明污水处理有助于减少污水排放量（图 7-4）。但污水排除（蓄）规划在 1958 年开始便提出对污水处理厂的实施，实际上却因受农田灌溉的影响，始终以转移污水的污水泵站和管网修建为主。修建原因主要是污水量过多，污染过严峻（如小龙河），或作为污水处理厂的辅助设施（但污水处理厂未修好，如玉泉营），所以通过污水泵站抽水排入下游。仅用于抽升入河的污水泵站包含玉泉营、垡头泵站、西南三环、小龙河、丰台污水泵站。除了玉泉营污水泵站是为了和污水处理厂共同处理污水，其他污水泵站几乎仅起到暂缓污水排放的作用，而非真正处理污水。吴家村污水泵站位于西郊石景山吴家村，为解决首都钢铁厂及石景山地区污水排放问题，于 1958 年修建为尾闾泵站。但其溢流率相当大，几乎未起到抽升灌溉作用，且吴家村污水泵站年抽升量很低。位于年抽升量第二位的是高碑店污水泵站，高碑店污水处理厂日处理污水量 20 万立方米，其中 12.57 万立方米为抽升灌溉，仅占来水的 27.36%，大量污废水排入通惠河。就下水道修建、污水泵站修建与污水处理厂修建三件事而言，前两项只是从改善健康卫生角度出发，统筹管理污水，只有污水处理厂是在解决实际污水问题，但污水处理厂却迟迟没有发展。1990 年真正建设好的污水处理厂不过 3 个（酒仙桥、高碑店和 1989 年刚建好的北小河，且处理能力低，每日处理污水量分别为 1.4 万立方米、20 万立方米和 4 万立方米）。真正解决水污染的事件直至 2000 年以后才逐渐发展起来，然而那一时期，水污染问题已经达到了缺乏弹性的程度。

2. 水污染事故与地下水总硬度超标分布面积扩大

水污染事故的变化与自备井情况的关联度最高，地下水总硬度超标分布面积的扩大也与自备井的关联度最高。水污染事故的高发峰值出现在 20 世纪 80 年代。水污染事故与北京城市工业污水灌溉农田面积具有高度一致性。20世纪50年代,档案显示,沿河与不沿河村庄的发病率是不同的,说明地表水的污染对痢疾发病率有一定影响。自备井年开采量从1958年开始增幅提升明显(图7-5)。原因在于1960年在政策鼓励下形成了自备井供水的高潮。结合访谈调查北京市居民的描述,鼓励污水灌溉措施发展到20世纪70年代,污水灌溉带来的污染事故引起农民自发开始进行打井稀释污水。随着用水量不断加大,污水排放量也因未建立相适应的污水处

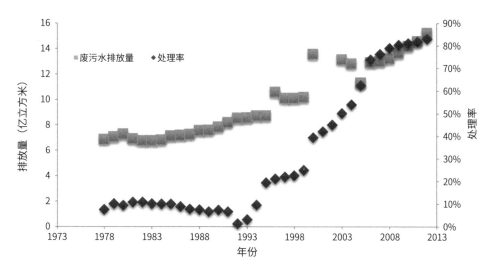

图7-4　1978—2013年废污水排放量和处理率

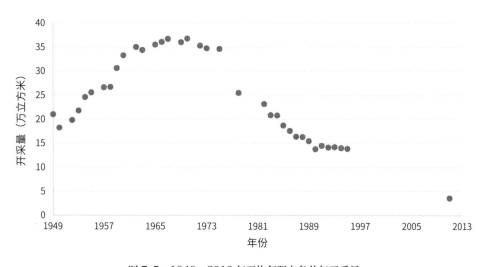

图7-5　1949—2013年平均每眼自备井年开采量

理系统而增加。北京市地下水总硬度超标分布面积20世纪50年代为15.65平方千米，60年代为53.90平方千米，70年代达到105.24平方千米，80年代增加至507.39平方千米，2000年更是超过839.81平方千米，呈指数增长，置信度达到0.97。水污染事故和地下水硬度分布扩张是在逐步累计效应背景下发生的。

7.1.3　洪涝灾害问题与水规划实施情况

洪涝受灾面积与河道排水、下水道实施情况关联度最大，《北京水旱灾害》（北京市水利局，1999）中提及北京洪涝灾害成因包含雨水管道等设施不完善、河道排水与蓄水矛盾等原因，与计算结果一致。从客观分析情况看，北京市区处于山区下游平原一带，由于闸坝控制排水河道，大雨来临，排水尾闾不畅，造成下水道顶托，无法及时排除，引起城市涝灾。此外，城市排水功能从1949年以来，愈来愈依靠下水道连接四大排水河道，加之用水量的增加与不透水地面的面积加大，对河道和雨水管网造成的压力逐渐加大。

7.1.4　水生态问题与水规划实施情况

通过灰色关联度方法探讨各阶段实施结果的水体景观格局指数与景观变化有关的水问题之间的关联性。选取景观格局指数作为参考序列，年均水资源量、年均径流量、年均地下水埋深及排水管网面积率作为比较序列。

从计算结果（表7-2）中可知，四个比较序列均处于分辨系数以上。年均水资源量与凝聚度指数关联度最大（0.82），说明凝聚度指数较高的水体景观连通性较好，对于水资源量有正效应。年均径流量与聚集度指数关联度最大（0.75），北京年均径流量减少的趋势和聚集度指数减少的趋势，可以说明破碎化程度高对年均径流量存在关联。另一方面，地下水埋深的变化曲线与聚集度指数也存在高关联度，可见破碎化程度加剧对地下水埋深加大也存在正相关。排水管网面积率与分离度指数相关性最高（0.73）。由于排水管网面积率的加大与建成区扩张的趋势有一致性，排水管网的铺设在一定程度上反映了明沟改暗沟、雨污径流直接入管网再排入下游减少地表水面等现象。可见，水体景观分离程度、破碎化程度与排水管网的修建增多存在相关性。

此外，通过上述结果分析还可发现：①实施具体项目内容聚类类型中，自备井、

表 7-2　灰色关联度计算结果

参考序列	比较序列			
	年均水资源量	年均径流量	年均地下水埋深	排水管网面积率
凝聚度指数	0.82	0.72	0.59	0.69
聚合度指数	0.79	0.65	0.61	0.69
分离度指数	0.77	0.67	0.59	0.73
平均分维指数	0.8	0.71	0.59	0.7
聚集度指数	0.78	0.75	0.65	0.7
最大斑块指数	0.62	0.69	0.6	0.62

注：现北京市水务局。

拦蓄水库、治导工程和污水灌溉四项"出现过明显高潮的内容"对水问题的影响大；
②忽略规划类型，仅从遵循规划的具体实施对象与水问题进行关联度分析，并非某
一类型规划导致水问题，而是多种规划类型中的某些对象的实施对水问题的加剧有
较高的关联度。

7.2 规划实施行为反思

7.2.1 各阶段各有侧重但前瞻性不够

现在明确强调需要更加注意水管理的人的方面的问题，这在过去基本上被忽视了。将复杂问题简单化，使其易于管理，并将多因素原因的问题简化为单一原因，以便使其易于采用技术解决方案的战略在短期内取得了成功，但已证明在长期内是不可持续的。

从上述规律性特征可以解释：北京涉水规划实施各阶段由于社会经济水平和体制背景不同而有所侧重，不符合当时客观规律的内容呈现实施难以开展的问题。前瞻性不够，主要表征是：人口及社会水循环预见性不够，忙于应付；灾害适应性不足，被动调整；各阶段衔接不够。

1949—1957 年，国民生产、经济开始恢复，实际实施情况是以满足安全性需求的实施为主。因此规划中提出水运运河、引永定河水补给河道航道的经济性需求难以开展，造成了不一致现象，雨水、污水排除技术在管口对接、地理布局和预测估算方面不合理，水库修建与引水未预料径流减少与淤积问题，人为解决问题的同时造成新的问题。

1958—1965 年，工农业发展，在保证生产和安全性需求主导下，侧重拦蓄、治导等防洪工程与自来水厂工程。当时提出的扩大湖面、补给河湖、"使每一个居民区都有划船、游泳、钓鱼和水上活动的地方"这些舒适性需求内容，与修建四大运河的经济性需求，产生规划与实施的偏差。同时生产废污水急于排除引发污水灌溉开展火热，地下水勘探结果和急于保障供水带来地下水开采高潮，应对局面过重。

1966—1978 年，经济性需求开始逐渐增长，缓慢扩大。受人防、建设利益等驱使，被动调整河湖排水，填湖改河，却在 30 年后又实行恢复措施，前瞻性不够。未预料工业、建设快速发展，工农业用水超出预测值。潮白河径流减少，地表引水不足，被动调整为打井取水。东南郊排水与突发洪水灾害也带来被动调整。

1979—1989 年，人口复苏与增长，经济从低收入阶段进入中下等收入阶段，经济性需求的内容增加。由于生活生产用水共同增长与 1980 年干旱事件，被动停止对天津、河北地区供水，地下水开采量也超出计划量的3.9倍，而污水去向重"排"轻"除"。技术与投资水平的起飞期，以短期内高投入的方式来消除洪涝灾害，裁弯取直、硬化河道、蓄污导污大范围开展，却在30年后有意恢复河流自然形态和软化水岸。

1990—2000年，水利发展的需求结构变得多元化，同时面临多种发展需求，在加强安全性需求保障的同时，要大力应对经济性需求快速增长，同时还要关注新兴的舒适性需求。这也是这一时期水源保护、园林绿化、水库旅游发展的原因。

2001—2010年，后期从中下等进入中上等收入阶段。随着经济发展水平的继续提高，水利发展的需求结构继续保持多元化，在继续提高安全性需求保障水平的同时，仍然需要应对经济性需求的较快增长，同时还要大力应对舒适性需求的快速增长。因此，湿地公园、河湖园林化整治属性快速发展。

2011—2020年，缺乏系统规划，重建设轻管理。现有雨水利用工程基本处于半无序建设，地点分散，缺乏统一规划。必须联合区域性的雨水利用工程，才能更大程度地减少雨水流失，充分收集利用雨水。但现有的被动和粗放管理致使已实施的雨水利用工程处于闲置或缺乏联动，无法发挥实际作用。雨水水质的好坏直接影响雨水利用效率、范围和效果，现有的雨水利用工程中，雨水初期污染严重，导致大量水质较好的中后期雨水混合后整体水质较差，而建设雨水回用处理设施，投资较大，大多数单位往往采取建立雨水蓄水池直接调蓄排放（郑克白，2014）或沉淀后只用于绿地浇灌、冲洗路面等简单利用方式，而不是用于洗车、冲厕等具有较高用水效率和效益的方式，雨水资源不能充分利用。

7.2.2　综合性与关联性不够

综合性与关联性不够，主要体现在以下方面。

①规划分得过多过细，涉水的规划就有20余种，立题部门衔接关联显得不够，如市区和郊区的排水标准就不相衔接，内排水和外排水、小排水和大排水之间，从设计理念、设计方法、抽样方法到实施都有不衔接的地方。各涉水规划基础设施的专项规划成果被直接或有限纳入城市总体规划框架内，使得规划的综合协调作用降低。北京始终处在"水利不上岸，环保不下河"的情况，治水管理在纵向集权制引导下，跨界问题产生在水系统不同尺度上，被分开分析和管理；私有信息资源缺乏

整合，从而对下一步的规划中理解力存在破碎化；投资财政缺乏协调，财政资源集中消耗在结构工程的维护上，结构工程包括如下水道、中小水库、堤坝等。这一点尤其在改革开放后的实施内容中体现明显。各规划类型中的内容本身存在重合问题，同样反映到实施内容上，如何协调开展重合内容在文档资料中体现较为缺乏，说明实际制度效率也会存在重合问题。

②归属同一经济发展阶段的规划实施，安全性需求考虑过于狭隘、单一，发展路径依赖性强。供水工程、堤坝护坡工程、疏浚工程这些平稳发展的内容表现突出。水资源作为安全性需求增长的消费品，不断调水和打井取水，每一个水库的开发都是伴随着前面开发水库的资源殆尽而衍生，调水距离愈来愈远而地下水埋深加大。排水疏浚也存在同样的恶性循环问题，通过不断提高标准来改善排水情况，河道的淤积却始终不断产生。防洪堤坝的不断加高也同样存在单线循环模式。

③纵向时间阶段之间与横向规划类型之间均缺乏相互衔接。自然－社会水循环中，供水、用水、排水、回水是社会水循环的四大部分，相互作用，互相补充。实施稳定的内容易陷入自我循环中，单一渠道的解决途径忽视了衔接性。污水管网的发展直到 20 世纪 80 年代才开始，比供水工程高峰的 20 世纪 60 年代晚了近 20 年，导致供水至用水产生的废水直接排入河流和农田。

7.2.3　实施力度平衡性不够

实施力度是指在已遵循水规划内容的前提下，对各规划类型中各项实施对象的实施深度，从而反映出规划与实施存在的问题。实施力度不平衡体现在：①根据发展规律，原本应该伴随Ⅰ、Ⅱ阶段开展的兼具安全性和舒适性需求的实施内容却重视其舒适性而弱化其安全性，实施滞后于形势需求，包括恢复调蓄能力的水源保护、湿地工程实施滞后；废污水排放控制的污水处理工程实施滞后；增加洪水宣泄空间的蓄洪区滞后。②无论是纵向时间层面比较各阶段的实施内容，还是横向比较同一阶段不同规划类型的实施内容，均以市政类的灰色基础设施占据绝对地位。

实施深度从两个方面予以体现。一方面，通过对整体时间段内各规划类型中内容的比较，可以发现实施深度情况是：供水规划以自来水厂的建设为主；防洪规划以拦蓄水库为主；河湖整治规划以疏浚改造为主；雨水排除以下水道工程为主；污水排除规划以污水管网建设为主。另一方面，根据各规划阶段实施内容的统计情况：1949—1957 年规划阶段，实施内容以下水道建设、治导工程、供水水库、河道疏浚和湖泊疏挖为主；1958—1965 年，以拦蓄水库、下水道、治导工程、河湖疏浚、自来水厂实施为主；1966—1978 年，拦蓄水库、下水道、污水泵站、堤防工程、河道裁弯取直占主体地位；1979—1989 年，以雨水管网、污水管网、闸坝控制、拦蓄水库、河道衬砌内容为主；1990—2000 年，以排水泵站、截污工程、河道整治、闸坝工程、雨/污管网建设为主；2001—2013 年，以地下蓄水池、雨水管网、污水管网、闸坝工程、排水泵站建设为主。

为了方便观察，将各规划阶段中实施对象根据市政类内容归为"灰色基础设施"类，将具有多功能性的环境保护、生态系统服务类归为"绿色基础设施"类，如湖泊、湿地公园、水源保护区、滨水绿化。结果如表 7-3 所示，灰色基础设施类与绿色基础设施类的悬殊很大，严重失衡，绿色基础设施比例较小，基本不超过 10%。这一点从制度分析中也可以发现，市政机构在规划设计与实施过程中往往居于主导地位。总体上该内容呈现上升趋势，1958—1965 年和 2001—2013 年，绿色基础设施类内容相对较丰。

表 7-3　各规划实施阶段绿色基础设施与灰色基础设施所占比例

类型	1949—1957	1958—1965	1966—1978	1979—1989	1990—2000	2001—2013
绿色基础设施	3.26%	8.90%	4.45%	6.65%	9.60%	17.40%
灰色基础设施	89.85%	79.81%	86.79%	89.05%	81.05%	77.05%

灰色基础设施与绿色基础设施的实施严重不平衡，以功能较为单一的硬性措施为主导，弹性较差、脆弱性大，易受突发事件的影响而引发负面环境效应。

大都市区涉水规划优化对策

北京目前所面临的水危机已经从局部区域问题扩大到流域性和全局性问题，空间结构存在自中心向外、呈面状扩张的态势，仅洪涝灾害问题是从京郊向中心城区内涝转移的趋势。已然从单一问题逐渐演变为复合性问题，且每一个问题均表现出高度的复杂性。特别是水紧缺、水污染和水生态问题，其严重程度已不亚于洪涝灾害。

"大城市病"的形成是在城市日积月累建设发展过程中从量变到质变的结果，形成因素多元而复杂。冰冻三尺非一日之寒，水滴石穿非一日之功，破解沉疴顽疾，既需要"猛药"，更需要"缓药"。

景观规划和设计的科学基础日益得到重视，开始倡导有效地构建基础研究与规划设计之间的桥梁，生态学的思想、原理和方法的推进不断渗透于涉水规划的发展中，同时涉水规划和设计中已逐步地、更多地考虑景观格局与生态过程和景观生态功能的关系，用生态的办法解决生态问题，不断增强规划和设计成果的科学性。抓住涉水规划的土地分区、空间布局、要素组织等"空间设计语言体系"对理论研究与科学的长久发展的需求，以及生态学在长期发展中形成的一套定理、公式、理论、方法等"生态学语言体系"对实践应用与落地性的需求，将两者统一于北京大都市区这一生态环境脆弱、规划实施在我国走在先列且较为充分的矛盾地带开展综合研究，从而推动涉水生态规划作用机理、实施机制、理论与方法的探索，同时为景观格局与生态过程的科学与生态系统服务功能的集成提供了机遇，也能够为区域与城市生态环境的可持续管理提供科学依据。

8.1 基于生态安全格局的大都市区蓝绿空间优化

事实证明，在短期内解决水质和水量方面的许多紧迫问题方面，越来越复杂的污水处理技术措施是非常有效的。然而，过去行之有效的干预措施在许多情况下被证明不适用于解决当前和未来的挑战。从历史上看，水资源管理侧重于对明确定义的问题的技术解决方案，这种方法在 19 世纪和 20 世纪随着城市人口的日益集中和工农业生产率的提高而变得紧迫。城市内的健康和卫生问题，以及似乎永不满足的对水的需求，促使在城市涉水管理方面作出重大努力，以改善水质和确保可靠的供应，控制河流以保护城市和旱地农业免受洪水侵袭。因此，最大限度、最有效地保障生态系统的连续性和完整性，为解决当代诸多的城市病发挥着更有效的作用，即充分发挥绿地综合生态系统服务功能。基于生态安全格局的大都市区蓝绿空间优化正是大都市区涉水规划及实施更科学有效的途径。

生态安全格局（security patterns，SP）是以景观生态学理论为基础，通过景观过程（包括城市的扩张、物种的空间运动、水和风的流动、灾害过程的扩散等）的分析和模拟，来判别对这些过程的健康与安全具有关键意义的景观元素、空间位置及空间联系。这种维护城市生态系统服务的空间格局就是生态安全格局。在我国，生态安全格局逐渐被认为是实现国土生态安全的重要途径和基本保障，已成为生态文明建设的一个关键词。

北京市生态安全格局针对北京市一些关键性的生态系统服务状况，选取水文、地质灾害、生物、文化遗产和游憩五大过程，采用 GIS 进行系统分析研究得出，不同格局为城市提供了相应水平的生态系统服务：雨洪安全格局在最有效的区域最大化滞留雨水回补地下，使城市免受洪涝灾害的威胁；水源保护安全格局保护城市最重要的地表和地下水源；地质灾害安全格局有效地规避地质灾害和水土流失；生物保护安全格局保护关键的生物栖息地和生物迁徙廊道，建立有效的生物保护网络，最大限度地保护生物多样性；文化遗产安全格局保护城市丰富的自然和文化遗产，建立完整的文化遗产保护网络；游憩安全格局建立城市游憩网络，使不同出行方式的市民能够更安全、便捷、舒适地到达各类户外游憩场所（图 8-1）。

上述关键性元素、战略位置所形成的景观安全格局系统的整合，构成了北京市小平原区综合生态安全格局。值得一提的是，北京市的这一生态安全格局在2012年不幸得到了验证，在北京"7·21"洪涝灾害中，共有77人丧生，通过实地调查和有关统计数据，发现这些人绝大多数都是在最低生态安全格局中丧生的。也就是说，生态安全格局实际上定义了人类建设活动的禁止区域，或者是人类活动需要回避的区域（图8-2）。

8.1.1　保证关键生态过程，建立大都市区生态廊道网络

北京市平原面积占总面积的39.02%，却集中了91%的建设用地（2010年年度变更调查数据）。到2009年，市域总休林木绿化率已达53.64%，但平原区林木绿化率仅为26.36%。且从生态安全格局可见，北京山区以景观生态基质的形式出现，而现状林地覆盖率较高，管理侧重于对林地的保护；平原区则以景观廊道和斑块的形式呈现，但现状格局破碎化程度较高，侧重于生态性恢复。因此绿化造林的重点应落实于北京平原区。生态安全格局是对提供生态系统服务具有关键意义的基础性景观格局，在此基础上的平原区造林的目的是对市域生态系统的完整性、连续性的满足以及保障关键生态过程的安全和健康。因此，在保证生态安全格局连续性的生态廊道和保护格局完整性的重要生物栖息地、泛洪、水源保护区等重要斑块进行造林种植，才能有效提高绿地综合生态系统服务能力，提升城市生态环境的安全和健康水平。

北京市域生态廊道重点以河流廊道为代表连通各重要生态斑块，这一生态廊道融合了生物过程、水文过程和人文过程（包括文化遗产廊道和游憩廊道），具有综合生态服务功能。基于生态安全格局，以覆盖北京平原区的5条重要生态廊道（大石河廊道、永定河廊道、潮白河廊道、温榆河廊道、凉水河廊道）为核心实施造林，以恢复廊道内本身土地的生态价值。在原有生态安全格局基础上构建边界明确的核心生态廊道，结合洪泛区、淹没区分析和廊道周边土地利用斑块类型的现状，将生态廊道局部拓宽，构建滞洪湿地。因此造林绿化后廊道内部主要土地利用类型为林地和湿地。微观上利用生态设计软化河道，建立完善的标识系统，种植适宜的地域性树种，如杨、柳、榆、槐、椿等树种（图8-3）。

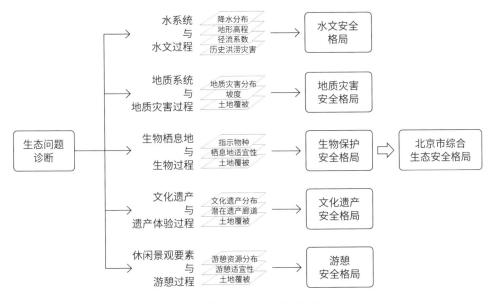

图 8-1 北京市生态安全格局技术图

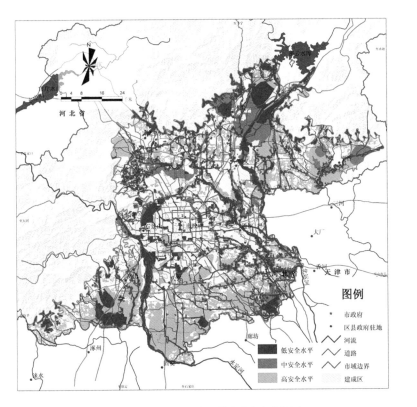

图 8-2 北京市大都市区综合生态安全格局

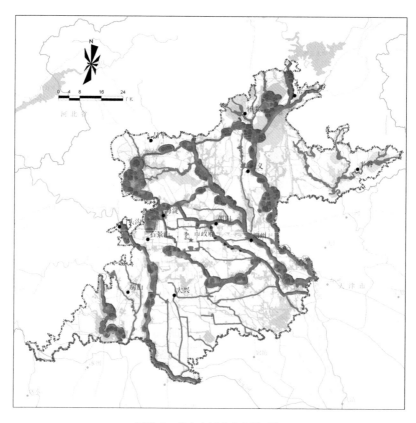

图 8-3　北京市域生态廊道网络

8.1.2　建立大都市区游憩网络

北京市的公共游憩空间多依托于林地资源，主要包括各级风景名胜区、森林公园、地质公园、自然保护区、郊野公园和城市公园等。受山区、平原现状林地分布特征影响，该游憩资源在北京的空间分布并不均衡，东南部较为缺乏。因此，在城市居民较为集中的平原区，即北京东南部，应补充森林游憩地。基于生态安全格局，补充以湿地斑块为依托的公园体系（近郊区为台湖湿地公园和永定河湿地公园，远郊区为大石河附近和潮白河周边的地下水回补区郊野公园）和补充以河流廊道为依托的公园体系（清河 – 温榆河湿地公园）。

其次，东南部除城市公园和郊野公园等公共游憩空间外，分布有商业性质的游憩空间，如度假村、高尔夫球场等，该游憩资源集中区域 80% 以上位于河流缓冲区以内，呈现沿重要水系分布的特点，但此类游憩空间土地利用效率低，生态破坏较大，且进入的经济门槛高，对于大众游憩需求贡献很小。因此，根据生态安全格局，须对此类游憩资源进行调整，通过造林恢复水系廊道，保障公众游憩功能和其他生态服务功能。

此外，北京风景名胜区等能够广泛容纳城市居民游憩活动的空间大量分布在居民出行频率低的远郊区，以发展安全便捷且连接城乡的绿色游憩道为目标，进行造林空间构建，作为自然与人文、城区与远郊的重要联系，不仅可以提高居民游憩出行频率，更能发挥林地休闲游憩功能和满足城市居民的康体休闲需求。以生态安全格局为本底，通过造林连通上述生态廊道和公园斑块，并构建游憩绿道，完善休闲游憩功能，形成潮白河、温榆河、清河、京密引水渠、凉水河、永定河、奥运公园 – 坝河 – 北运河、通惠河 – 南护城河、妫水河、大石河共 10 条主要游憩绿道。将自行车道、风景道及基础设施融贯于游憩道中，补充和改善某些道路及水系绿化（宽100 ～ 200 米为宜），最终形成如"中国结"的北京游憩网络格局，强化中心城区与平原郊区直至浅山区游憩系统的连通性（图 8-4）。

8.1.3　与农业生产和未来城市发展相结合，建立平原农田林网

蓝绿空间优化考虑城市扩张带来的农用地与城市绿地、建设用地之间的矛盾，同时以保证农田生产过程为前提，先于城市总体规划为城市建立一个绿色网络，限定可建设的未来城市绿色容器。

一方面，城市扩张侵占郊区原有耕地和基本农田，同时城市生态环境质量的改善要求城市中尽可能多地建设绿地，这使得北京土地利用中的农业生产用地、城市绿地和城市建设用地之间彼此侵占、彼此制约，形成矛盾。另一方面，国内外实践经验显示，以绿化隔离带为代表的传统规划战略无法引导正确的城市扩展模式。北京市生态安全格局将农田作为其有机组成部分，并确定不同区域内耕地和基本农田的主导功能，制定相应的生态保护导则，提出有利于生态过程和农业生产过程的管理方法。因此根据北京市生态安全格局，以土地节约集约、农用地多功能化为目标，结合城市功能布局，在城市扩张所带来的农用地、建设用地、绿地冲突最激烈的农田地区建立农田林网。林网种植宽幅宜达 50 米（内含慢行交通系统及灌渠），种植柿树、核桃、板栗、枣树、山荆子、山楂、海棠果等乡土果树，乔、灌木树种搭配

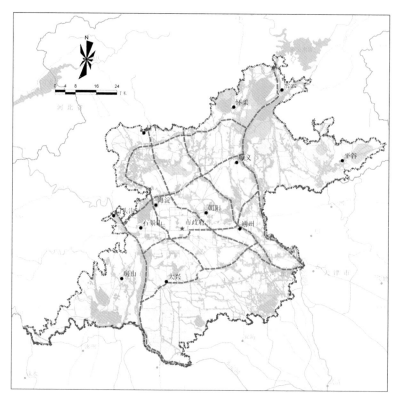

图 8-4　北京市域游憩网络

和造林密度因林带宽度、行数而有差异，并表现为透光度与透风系数的变化。一般有紧密结构、疏透结构、通风结构。林带建设提倡乔灌结合的疏透结构，满足农业生产需要；保留田地网格，作为将来城市发展的预留街区，长、宽为 60 ～ 100 米；未来在现有农田林网中发展 30 ～ 50 米的道路系统（图 8-5 和图 8-6）。

8.1.4　蓝绿空间优化格局的土地利用潜力

以上三种蓝绿空间优化模式是理想状态下的空间格局，能否在现有的土地利用状况下落实，还需要针对现状和行政管理的可行性，作进一步的落地的潜在可能性分析（简称"潜力分析"）。潜力分析及绿化空间落地体现了生态价值和对实际地块情况的综合考虑。根据北京市国土资源局土地变更调查数据、土地利用规划（2004—2020 年）数据特点，划分为保留、改造和潜力三类。其中，"改造"地类是指通过适当拆迁地块，将宏观生态用地布局与微观生态设计改造相结合，尽量减少人类活

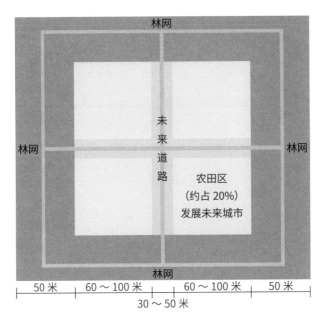

图 8-5 平原农田林网模式图

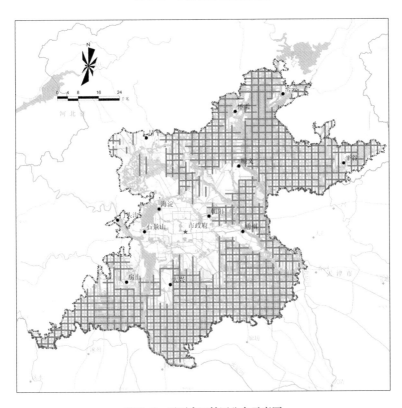

图 8-6 平原农田林网分布示意图

动对生态安全的影响，在微观尺度形成以绿化质量为重、达到减少绿化面积仍实现关键生态价值的设计手法。"保留"地类则是因本身已具有生态系统服务价值和基础设施而予以保持。"潜力"地类则是指可用于规模绿化的土地类型。

根据潜力分析，将生态廊道网络、游憩廊道网络和农田林网模式以土地斑块（行政部门管理土地的基本单元）的形式落实在北京小平原区，形成以水系为核心的生态廊道网络、以城镇用地斑块为基础的游憩绿道网络和以农田为基底的农田林网的绿化造林格局（图 8-7）。

基于生态安全格局的大都市区蓝绿空间优化包含保留用地类型 124.40 平方千米，

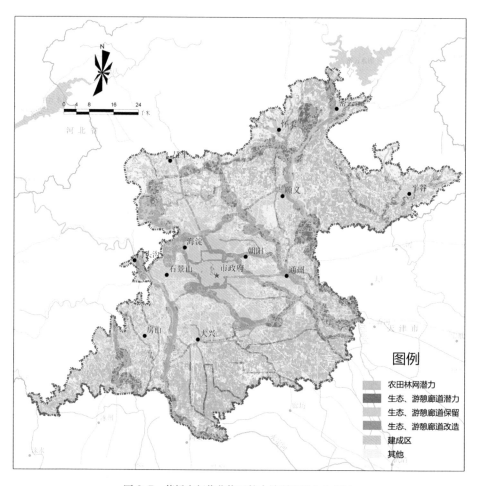

图 8-7　蓝绿空间优化格局的土地利用潜力分布图

改造用地类型 180.14 平方千米，农田林网潜力面积 1523.55 平方千米，生态、游憩潜力面积 121.06 平方千米，从而形成具有生产、调节、生物多样性保护和文化及游憩等综合生态系统服务功能的生态基础设施。基于生态安全格局的新增绿化空间落地能够实现以下生态系统服务：通过河流生态廊道的建设，提升河流自身的水净化能力；通过河流廊道的建设和地下水回补区的修复，可直接增加可透水表面积 233.3 平方千米，实现雨水径流的消减，减少内涝，直接有效地回补地下水；通过重要栖息地的恢复和重要生物廊道的贯通能直接增加生物栖息地和生物廊道 439.3 平方千米，将有效提高平原区生物多样性；新增绿化空间将改变平原区，特别是城市集中建设区的生态建设空间模式，可望有效降低城市热岛效应并对改善空气质量有积极作用；基于生态安全格局的网络式的绿化空间建设，能直接增加连续性市民户外游憩空间面积 366.7 平方千米，同时使绿地布局更为均衡，在新增绿地公园基础上还能有效地把各个公园串联起来，形成一个游憩网络，增强绿地系统整体的可达性；平原区新增绿化空间的落实，还能有效应对城市蔓延，引导建设用地理性增长，有效提高周边 500～1000 米范围内土地的经济价值，带动周边酒店、商住等物业发展；通过新增造林等工程在市域尺度上初步落实生态安全格局的构建，并结合生态化设计，在微观尺度上转变传统的植树造林方式，最终形成绿量与绿质并重的城市绿化。

当然，现实问题不容忽视，受到已有的城市建设和既定发展规划的限制，有些较为关键的区域会出现"红绿之争"。对于本书提出的方案中与建设用地（包含规划建设地）冲突的地块，除阻碍关键性生态过程的违规建设用地予以调整外，规划建设用地予以保留和改造；规划腾退建设用地则可以分期实施拆迁，退红还绿；对于不宜拆迁的地块可以通过生态设计和管理来尽量减少人类活动对生态过程的影响，将宏观生态用地布局与微观生态设计改造相结合，综合解决问题。对于规划的基本农田，本方案研究并未考虑基本农田的一些具体规定的束缚，因为单一的没有林木和湿地的大面积农田不一定比具有更丰富的景观元素的生态化农田更丰产和可持续，但在实际操作过程中，则结合空间布局，在政策允许范围内适当实施退耕还林。必须指出的是，由于种种原因，本书所提出的理想的城市大型绿地建设方案，在实际中只得到了部分的实现，即使如此，希望其中的一些方法和模式，仍然可以为今后大都市区的类似工作提供参考。

8.2 基于生态支柱保护优先的大都市区 蓝绿基础设施优化

解决综合水问题，寻找协同效应和权衡是很重要的。2014 年，Mace 在《科学》（Science）杂志中发表了一个新兴的观点，称为"人与自然"（People and Nature），可持续的景观可以容纳粮食生产和其他人类活动，并通过改善景观规划，使其与生态修复、保护共存。这一新范式考虑了生态系统和社会经济系统之间强烈的相互关系，并强调了我们对生态系统服务的依赖。根据这种观点，大都市区涉水规划强调优化蓝绿基础设施分配的重要性，同时有效地确保蓝绿基础设施的管理，并允许其他人类活动，如粮食生产、流动性和居住。事实上，生态系统服务的概念是一个有价值的工具，可帮助决策者和利益相关者坚持生态系统保护。通过展示健康的生态系统与人类福祉之间的联系，例如，调节雨洪、水质净化、地下水回补、淡水支持、侵蚀调节和水文化遗产美学等，人们可以以新的方式重视自然，并认识到保护自然的重要性。生态系统服务可以定义为从自然资本存量到人类的物质或能源流动（Costanza 等，1997），它可以与制造业服务相结合，以满足人类的需求或促进人类的福祉（de Groot 等，2002）。同样，蓝绿基础设施在国际上也被建议作为一种工具，通过协调绿地、水环境保护和景观规划和实施中的其他利益来支持可持续发展。

蓝绿基础设施的概念旨在确定对野生动物和人类具有高生态价值的水与绿地空间，并对其进行优先考虑，以提高景观规划决策中对自然价值的整合。空间保护优先对蓝绿基础设施设计的好处：蓝绿基础设施将维护和恢复生态系统，这取决于管理单位的空间结构及其管理强度（欧洲委员会，2012a）。然而，在土地使用规划中使用了非常不同的方法来操作绿色基础设施（欧洲环境署，2014；Kopperoinen 等，2014）。在美国，大型的、连续的、具有重要生态意义的自然区域用宽阔的走廊连接起来，在整个景观中创建一个相互连接的自然土地网络。例如，在马里兰州，100 公顷的核心森林区域计划与至少 350 米宽的走廊相连（Weber 等，2006）。在碎片化的欧洲大陆，蓝绿基础设施要么与旨在识别走廊或生物多样性区的小规模城市应用有关，要么与欧盟规模的粗粒度空间信息汇编有关（欧洲环境署，2014；paulleit

等，2011）。欧盟认为蓝绿基础设施的好处不仅仅是对水环境、水资源和蓝绿空间格局的恢复，还可促进水生态系统服务和人民福祉，而且在发展绿色经济和可持续土地管理方面发挥了作用（欧洲委员会，2012a）。因此，蓝绿基础设施设计项目还应包括代表不同社会经济利益的生态系统服务（Cimon-Morin 等，2013；欧洲环境署，2014；Kopperoinen 等，2014；Maes 等，2015）。

8.2.1　支柱评估方法和维度

绘制蓝绿基础设施网络是迈向实际操作的重要一步，因为空间明确的方法对于支持空间规划者的决策至关重要。利益相关者参与过程，通过使用科学可靠的方法和高质量的数据，也将增加接受度和有效实施的可能性。系统保护规划方法的延伸，从纯粹的生物多样性保护到保护区，再到转向多功能景观的选择，通过在输入数据的选择和加权方面的决策，更多的利益相关者将参与其中。过于复杂的模型无法向决策者解释，反而可能不可取，也不适合一个"现实世界"的应用程序。然而，自然是复杂的，包括遗传、物种、栖息地多样性，以及生物体之间的相互作用、生态系统功能、生态过程的流动性和功能格局特征。一个过于简化的模型也无法捕捉到自然世界的足够多的方面。因此，在空间保护优化的识别过程中应添加尽可能多的相关信息和数据。

由于蓝绿基础设施本质上是一个空间概念，它应该将明确的空间数据和科学的空间建模和规划方法结合起来。采用当前新兴的数据来源与科学方法和概念，对考虑到水问题、景观连通性和生态系统服务的蓝绿基础设施进行综合规划并提出框架（图8-8），其方法是基于对三个"核心支柱"的综合评估，即生物多样性、景观结构和连通性，以及生态系统服务，利用空间优先级软件 Zonation 优化保护行动的分配。

基于空间保护优先级划分和系统保护规划的前沿软件 Zonation，对研究区景观进行以互补性为驱动力的优先排序。首先假定从生态角度来说，最好的做法是保护整个景观，维持生态完整性。然后通过识别、排序、移除，去除每次迭代中保护值（物种栖息地、生态系统服务和连通性）总损失最小的网格单元，条件性地保留景观；重复此步骤，直到对整个景观进行排序；通过这一过程保持生态全维度性，使

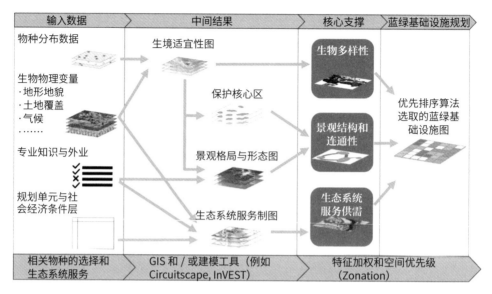

图 8-8　基于空间保护优先的大都市区蓝绿基础设施优化框架图

其始终保持生态系统服务、景观高连通性和生物多样性之间的平衡。最后产生一个空间优先排序，从对维持蓝绿空间生态平衡最不重要到最重要的优先级制图。排名靠前的区域共同代表了特征的平衡覆盖，以优化景观的自然资本的保护。Zonation的大多数应用涉及景观生态价值的评估，以及通过平衡生境、物种、连通性和生态系统服务等多种景观生态特征，优化空间保护分配或避免空间影响。此外，包含社会经济发展相关的成本、机会成本和胁迫（压力）可以整合到优化情景分析过程中。Zonation 保护优先格局优化路径如图 8-9 所示。值得说明的是，涉水规划为突出流域生态系统结构的完整性及流域上下游之间的连续性，规划单元采用 ArcGIS Hydrology 工具构建集水区，因为集水区单元具有更大的自然相似性，符合物种的自然分布特征，可维持保护对象生境和地貌单元的完整性。

8.2.2　核心支柱 1：物种和栖息地多样性

目标是根据水生态服务效应潜力的生物物理指标，而不包括任何空间限制，确定蓝绿基础设施指定的优先领域。从绘图的角度来看，对水生态服务效应潜力的探索比根据需求引导的服务的实际使用要严格得多，包括在第 6 章提到的生态完整性和涉水生态系统服务。

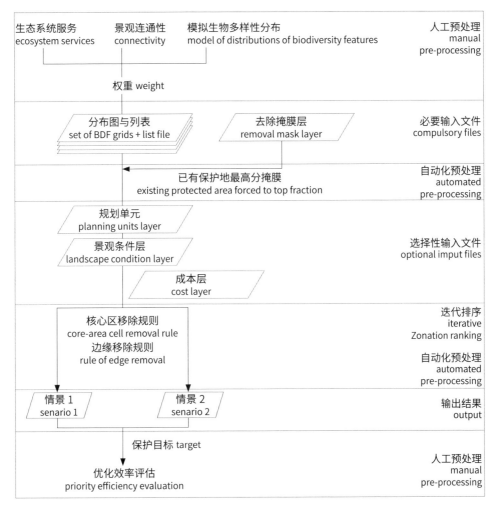

图 8-9　Zonation 保护优先格局优化路径图

　　我们使用了 Zonation 软件的加权效益函数（additive benefit function，简称 ABF）选项，这种方法在优先级划分中筛选有利于特征丰富的区域，因为这些区域能够同时为许多生态完整性特征提供覆盖和保护。使用三个"核心支撑"之间相等的权重，采用 ArcGIS 10.6 软件在粒度为 30 米分辨率下人工预处理。

　　利用物种监测数据与遥感数据为主要数据源，用 Maxent 模型模拟重要保护动物在北京大都市地区的可能分布。受胁鸟类点位数据来源于 IUCN 世界自然保护联盟、中国观鸟记录中心、GBIF 全球生物多样性信息网络。基于 IUCN 最新的评估报告，提取北京市域范围内分布 30 种的受胁（极危：CR；濒危：EN；易危：VU）鸟类。

汇总近十年（2010—2020年）北京市域范围受胁鸟类"出现点"数据。为了获得较高质量的模拟结果，要求数据与环境变量间相关性显著，且"出现点"记录≥5（黄越，2021）。其中5种鸟类无记录数据，3种鸟类数据＜5或相关性差未建模，据此得到共22种受胁鸟类的有效分析数据（极危鸟类2种，濒危鸟类6种，易危14种）。

环境变量因子对物种分布有重要的影响，一般可分为栖息地变量，气候特征变量和人类影响变量。通过文献资料收集，对受胁鸟类进行定性分析后，有针对性地筛选出与受胁鸟类对应的环境变量，综合筛选了39个环境变量（白雪红，2019）。①栖息地变量中，生物因子选取基于时间序列的MODIS植被指数数据，主要考虑到以遥感数据为基础来模拟物种的分布近年来得到广泛关注与快速发展，相对于传统的地面调查，遥感数据具有覆盖面广、信息量大、时效性强等优势。基于时间序列的遥感参数能充分反映不同季节植被的物候变化特征，特别是林下植被的分布信息。这样能充分反映不同物种的各季节生境需求信息。MODIS在大尺度的生境适宜性评价方面表现出明显的优势，已成功应用于全国大熊猫的生境分布预测，以及林下竹子的分布信息（肖静，2016）。地形因子也是影响动物分布的主要因子，选取的地形因子包括海拔、坡度、坡向、到水体的距离。海拔数据来源于地理空间数据云。②气候特征变量选取生物气候变量和月均太阳辐射变量（闻丞，2015）。数据来源于Worldclim（世界气候）。③人类影响变量是影响野生动物分布的主要因素。道路与居民点等建设不但直接导致野生动物栖息地的丧失与退化，而且影响物种种群之间的迁移与交流，根据人类活动的特征，选取了道路与居民点这两种主要的人类干扰因子。计算的指标包括3个，即到铁路的距离，到公路的距离，到建筑的距离。公路与居民点的数据来源于开放地图，在ArcGIS中通过直线距离、邻近统计等空间分析的功能获得3个评价指标。

使用Maxent软件来预测研究物种的潜在分布。以ArcGIS 10.6为平台，分别建立包括31个基于遥感参量、5个地形因子和3个人类活动干扰在内的环境变量的栅格文件（表8-1）。将所有图层统一坐标系统和边界，并转换为Maxent模型所要求的asc文件格式，将单个研究物种的出现点数据分别和环境变量数据导入Maxent中。参数设置时，设随机测试的比例为20%。其他参数为模型默认值，输出用连续栖息地适宜性指数（HSI）值0～1表示每个研究物种的累积可能分布，较高的栖息地适

表 8-1　环境变量因子列表

变量类型	描述
气候特征变量	生物气候变量（19 个）
	月均太阳辐射变量（12 个）
栖息地变量	海拔
	坡度
	坡向
	植被指数
	到水体的距离
人类影响变量	到铁路的距离
	到公路的距离
	到建筑的距离

宜性指数值表示模型预测出这个栅格具有研究物种比较适宜的生境条件。将每个研究物种的预测分布逐一导入 ArcGIS 10.6 中，运用 ArcGIS 的"提取点值"功能，从 Maxent 模型的预测分布中提取每个物种出现记录点的栖息地适宜性指数（HSI）预测值，选取最低的预测值作为最低出现阈值（LPT），以此来区分"适宜栖息地"和"不适宜栖息地"。根据提取的阈值，得到所有 22 个物种的适宜栖息地分布图。

如图 8-10 所示，数值越大（颜色越暖），预测区域条件越好。参照 IPCC 第四次评估报告中关于评估可能性的阈值划分方法和相关学者的划分方法，将栖息地适宜性划分为 4 个级别：不适宜区 $p < 0.33$；低适宜区 $0.33 \leqslant p \leqslant 0.66$；中适宜区 $0.66 < p \leqslant 0.9$；高适宜区 $p > 0.9$。

8.2.3　核心支柱 2：景观结构与连通性

确保生物过程、水文过程、人文过程等通过连接的景观移动有助于增加原种群的遗传多样性和生态的完整性。通过提高对气候变化和其他扰动的适应力，提高物种生存的机会、水生态的修复力等，如生物过程中物种根据其特殊的生态位、生活方式和分散能力，以不同的方式利用景观的结构。蓝绿基础设施的优化在这些原则之上，考虑景观结构的形状和大小，以及关键生态空间周围的边缘区域。

空间结构是指景观特征与景观元素的空间排列之间的拓扑距离，决定了相邻土地覆盖类型的镶嵌结构。功能连通性是指景观斑块之间相对容易移动，例如，空间上不连接的景观元素（如低连通性）可能代表了具有低波动性的物种的强烈限制，但不一定会降低飞行物种的连通性。对于某些物种来说，在结构上连接两个斑块的走廊也可能太窄，无法具有任何功能连接值。从广义上只考虑其中一种或另一种就有忽视重要走廊的风险，而景观结构与连通性核心支撑将缺乏生态过程和功能的代表性。分析景观连通性有助于识别更频繁使用的走廊，以确保自然斑块之间的联系，并允许种群之间的基因交换以及水文的纵向、横向和垂直向的功能连通。

收集景观实际使用数据是最佳方法，但同样也是昂贵的。因此，模拟连接性是一个合适的替代方案（或补充）。可以根据已识别的核心区域、土地利用（LULC）地图和专家知识创建阻力地图。用于建模功能连接性的常用指标包括欧氏距离（中心性分析）、最小成本的路径长度和成本（图论的扩展）及电路理论的电阻法。常见的走廊建模工具包括 Linkage Mapper Connectivity 软件（linkagemapper.org）、

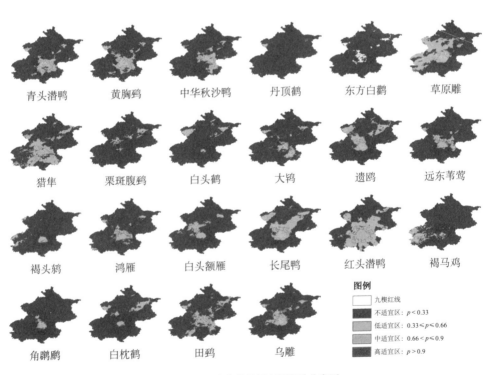

图 8-10　22 个物种的适宜栖息地分布图

GuidosToolbox（forest.jrc.ec.europa.eu/download/software/guidos）、Corridor Design（http://CorridorDesign.org）、Circuitscape、Conefor 和 Graphab。Fragstats 也是一种广泛用于计算各种景观格局指数的空间格局分析程序。

结合第 5 章关于北京景观格局与生态过程的时空变异，采用以下 3 个指标来确定景观生态结构（空间排列）和连通性。每个迭代项由一个正值的区间或二进制值组成。

（1）有效格网大小

为了评估物种的扩散能力（连通性），我们使用 Jaeger（2000）提出的方法来计算 1000 米半径内景观的网格尺寸。高值表明景观是弱分散性，由大的自然斑块组成，由于没有障碍，土地分类单元应该更容易移动，障碍被定义为道路、建筑、城市灰色基础设施（图 8-11）。

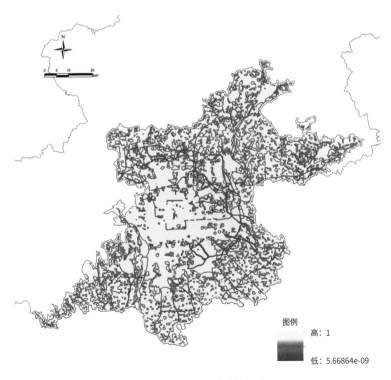

图 8-11　有效格网大小模拟图

（2）生境多样性

基于土地利用图在 Fragstats 软件中利用 1000 米半径的进行生境多样性模拟，以测量该地区保护多个物种的潜力，以及生态系统功能和服务。当生境多样且频率相对均匀时，该指标值较高（图 8-12）。

（3）形态空间格局

将一系列图像处理技术应用到栅格图层中，从而将目标地物分为核心、桥接等不同景观类别，通过不交叉的形态学类型来研究不同地物的形态学机制，但主要集中于森林、绿色基础设施及生态网络格局的构建与优化。

8.2.4　核心支柱 3：生态系统服务的供应与需求

生态系统服务代表了人们从自然中获得的利益，其价值对应于生态系统对目标的相对贡献。换言之，生态系统服务指的是自然资本与建设资本或社会资本对人类福祉的益处。来自海恩斯 – 杨和波申金的"级联模型"经常被用来描述生态系统服

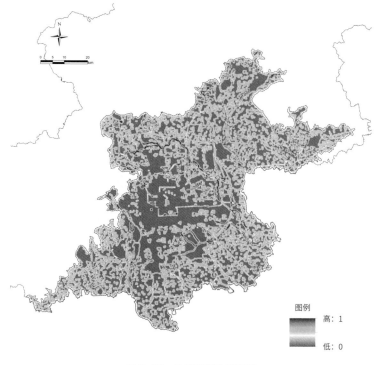

图 8-12　生境多样性模拟图

务从环境到人的过程。然而，重要的是要将社会生态系统作为一个整体来考虑，包括供求关系，以便更好地管理自然资源。实际上，城市及其周边地区通常被认为是主要的服务受益区域，这一核心支撑考虑保护代价，并作为成本层参与迭代分析，平衡利益相关者和建立较为可行的保护区。更靠近人口稠密地区（服务的最终受益者的代表）的地区被优先选择。

生态系统服务有时仅仅作为确定的高生态区域的潜在共同利益，而没有对特殊服务进行单独的评估。然而，这可能导致忽视提供重要生态系统功能的地区，因为生态系统服务和生物多样性的分布不是彼此完美替代。为了更好地代表一个区域提供的生态系统服务，应该评估调节服务和支持服务中的多种服务，以及它们从提供服务到消费服务位置的空间距离。蓝绿基础设施规划设计中所包含的服务的选择将根据景观类型（沿海、山区、城市等）提供，并包括与目标用户或受众进行沟通的最相关的服务。然而，文化和供给服务应谨慎整合，因为它们可能与生物多样性和连通性保护相反，如供水服务、文化休闲娱乐服务均以服务人类活动为核心。保护生物多样性和连通性可能会间接地或长期地有利于文化和提供服务。

生态系统服务制图方法大致可分为 5 个类型：①"查找表"的方法将土地覆盖类与文献衍生的值联系起来，以估算生态系统服务供应和需求，可参考本书第 5 章；②"专家知识"方法，依靠专家根据其提供服务的潜力对土地覆盖类别进行排序；③"因果关系"方法，将统计数据和现有文献知识结合起来，创建生态系统服务的空间代理；④"原始数据外推"方法将区域加权数据与土地覆盖和其他制图数据联系起来；⑤"回归模型"方法将野外数据和文献中的生物物理信息结合成一个定量的生态系统模型。

建模方法广泛应用于生态系统服务评价。除了上述方法外，基于过程的模型通常用于评估关键的环境系统，如空气、水、土壤等。已经专门开发出来许多模型用于分析生态系统服务。例如，IMAGE、EcoPath 和 ARIES 可以预测生态系统服务中未来的变化；InVEST 和 TESSA 是两个静态模型，它们描述了生态系统服务在某些时刻的状态；NAIS 和生态系统评估工具包 Ecosystem Valuation Toolkit 是为生态系统服务的货币价值评估而设计的。Gret-Regamey 等还提出了一种三层方法来评估生态系统服务在政策需求方面的功能。

根据信息的可用性和质量，为北京蓝绿基础设施地图优化选择了 5 个调节服务和 1 个文化服务，其中一些是用 InVEST 模型制图而成（参考本书第 5 章）。方案优先考虑多功能区域，倾向于选择生态系统状况不佳的区域展开优化。

8.2.5 大都市区蓝绿基础设施图

这三个支柱的输入被加权并整合到通过分区获得的最终蓝绿基础设施图中。结果是一个优先级排序（图 8-13），它描述了每个单元格的相对重要性等级，以实现分析中包含的所有因素的平衡表示。颜色可以进行调整，以适当地可视化优先保护区，优化保护景观的自然资本。Zonation 软件还产生了所谓的平均特性曲线，它直接对应于同一分析的优先级排序，总结从优先等级图中选择的最高优先区域的平均保护覆盖率。识别的蓝绿基础设施实施区域约占北京市面积的 30%，实施工作是需要时间和优先序的，在未来的实施中应以优先等级为依据展开，并及时关注综合评估水

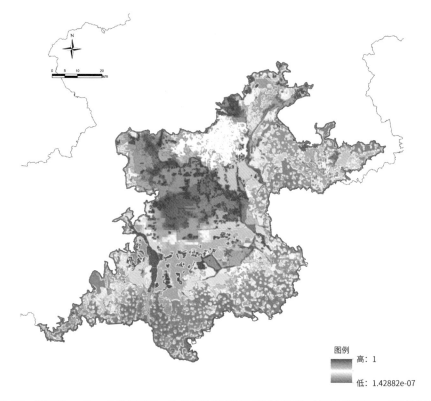

图 8-13　根据 Zonation 的输出地图，北京大都市区的景观层次排序，低值为深蓝色，高值为红色

生态退化或生态问题的严重性，以及已建设蓝绿空间的效益等因素，适应性地调节排序，可进一步支撑蓝绿基础设施工程的顺利开展。

图 8-13 中颜色越红代表未来北京蓝绿基础设施实施的优先级别越高，保护这些空间对于保护物种和栖息地多样性、景观结构的连通性和生态系统服务的供需平衡至关重要。其中整体上，以中心城区为划分，北京大都市区北部的保护级别优于南部地区。线性空间为永定河廊道、北沙河和南沙河廊道、温榆河廊道、北运河（城区段）廊道、潮白河廊道及凉水河廊道（第二道绿化隔离带内）、第一道绿化隔离带内的城区河道。此外可以发现，点状空间在城区南部亟待完善蓝绿基础设施建设，保障涉水生态的健全。

Zonation 平均特性曲线（图 8-14）显示了随景观退化三大核心支柱空间剩余比例的变化，Zonation 软件按比例及迭代算法去除景观后，生物多样性支柱、景观结构与连通性支柱和生态系统服务供求支柱特性之间的分布剩余比例的汇总信息。当景观退化比例超过 70% 时，生物多样性剩余比例出现了急剧下降趋势；当景观退化比例超过 80% 时，景观结构与连通性剩余比例出现了急剧下降趋势。

多年来，关于人与自然关系的观点不断演变，从简单的关于自然保护的论述转向关注环境的可持续利用。"只为自己的自然"和"不顾人的自然"的理想状态一

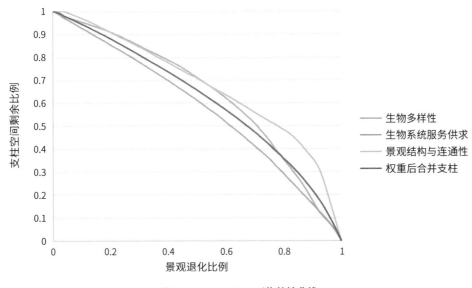

图 8-14　Zonation 平均特性曲线

直延续到今天，但随着生态系统的压力不断增加，将自然对人们的利益纳入保护规划有多种优势。事实上，生态系统服务的概念汇集了人们对景观的所有价值和有益的属性。如果景观规划的概念主要与限制性的自然保护区和具有法律约束力的措施有关，那么景观规划的利益相关者可能会认为涉水规划或者蓝绿基础设施与他们无关。通过确定共同的价值观和机会，引入自然的好处可以更好地传达景观变化如何影响个人或集体的福祉，并更好地使行动者与不同的利益保持一致。提高对政策决策的接受度，有利于集体行动和协作机制，对可持续景观管理至关重要。

蓝绿基础设施识别和绘图的未来挑战包括：①批准一个共同的标准线和认知，从一个理论框架到一个适用和可测试的方法。蓝绿基础设施作为基于城市自然的解决方案和景观元素，规划实施尺度变化和深入的过程中应避免潜在的混淆。②在科学研究员人之间，以及研究和政策之间进行更密切的合作，以便在研究人员、保护从业者、景观规划者、决策者和其他利益相关者之间分享技能和知识。由于生物多样性的丧失是一个全球性的问题，对我们社会的复原力构成威胁，如果没有综合和跨学科的方法，自然保护是有先见之明的。③更好地获取软件和更新数据，尽可能多地整合三大支柱内容，即生物多样性、生态系统服务、景观结构与连通性方面。改善各部门和各机构之间的数据共享，并确保获得与空间和时间相关的数据，也将有助于扩大共享范围。为此创建一组共同的变量，也可以提高不同数据源的确切性。

8.3　基于全球气候变化和城市化潜在影响的适应性治水

蓝绿基础设施规划不应该是静态的解决方案，因为生态系统和社会－生态系统都是动态的。从长远来看，未来的城市化计划可以用来预测蓝绿基础设施的演变和潜在的威胁。考虑到未来的气候变化和城市化的潜在影响，也将有助于调整当前的涉水规划设计，从而在未来的条件下有效地保护生态价值。

8.3.1　整体系统的可持续发展观

全球气候变化和快速城市化对涉水规划的影响不容忽视。气候变化导致近年来与城市降雨有关的不确定性大幅增加，极端天气条件变得更加频繁。随着城市化进程的加快，城市蓝绿基础设施的类型和规模受到土地约束的影响。城市化极大地改变了与城市降雨和流域洪水特征相关的不确定性，因此，涉水规划、设计和管理面临重大挑战。气候变化如何影响蓝绿基础设施尚不清楚。温度上升和二氧化碳浓度上升对绿色屋顶等绿色基础设施的影响需要进一步量化。城市人口集聚所产生的小气候效应，如城市热岛效应对城市绿色基础设施的影响也有待进一步研究。

涉水规划设计需要整体思维，其目标是消除气候变化和城市化对水循环的负面影响，创造良性的水循环系统。涉水规划涉及雨水的产生和控制、水污染的保护等水文问题。这些问题须通过系统的方法、生态技术的结合，以及人与水和谐相处的理念得以解决。涉水规划设计包括三个系统，即灰色基础设施系统、蓝绿（自然）生态系统和城市建设系统，有必要打破各种专业设计过程的独立性。涉水规划设计的实施和管理也需要系统的思考，涉及政策、法规、设计、指导、培训、认证、施工管理、施工监控、物业管理、运营监督、社会交流和其他子系统。

8.3.2　加强科学和应用基础研究

涉水城市规划配套技术仍较落后，涉水规划广泛使用的方法多是较简单的方法。例如，在综合水循环理论基础落后的情况下，主要用恒定径流系数法设计雨水排水利用系统（北京市市政工程设计研究总院，2006）。实际上，径流的产生机制相当复杂，与降水强度、土壤湿度和下垫面覆盖条件呈非线性关系（Xia 等，2005）。

在城市地区，综合水系统模拟尚未见报道。虽然有些国家已经开发了 TRRL、ILLUDAS、UCURM、SWMM、STORM、MIKE-SWMM、MIKE-URBAN、informworks 和 MOUSE 等经典的降雨模型，但这些模型的产流机制较为简单，需要进一步完善，以捕获复杂的城市下垫面径流过程。目前的模型功能还不能完全满足大都市区城市设计的要求。此外，当前的低影响开发（LID）设计仍然在单元规模内采用手动调整的方法，费时又费力（liu，2016），而自动优化技术未实施，尽管其在其他领域，如经济和金融（Coello，2004）、电力调度（Abido，2006）、工程形状设计（Deb，2001）、水资源和环境管理（Suen，2006）已得到广泛使用。

涉水规划设计涉及城市规划、水利、园林、市政等各行政部门，但其核心理论是源于水文学科的城市水系统方法。它侧重于物理、环境、生态和社会水循环之间的相互作用和反馈。水过程包括城市降雨 - 径流过程、地表、水系、河湖之间复杂的水交换过程、瞬时污染的迁移转化过程、植被生态耗水过程、雨水资源利用等人工干预过程。主要研究领域包括城市排水设计、内涝治理、黑臭水修复、不同空间尺度的海绵措施、监测与评估系统等。此外，遥感技术、计算机技术（GIS 和数学模型）在下垫面高精度数据采集、城市雨水和污染过程模拟、陆面蒸散发和低影响开发优化等方面也发挥着重要作用。例如，如果城市地区下垫面特征差异较大，则需要通过先进的卫星遥感技术获取高精度下垫面信息，因地制宜地在不同地区建立低影响开发措施。此外，由于低影响开发设计参数较多，所有提出的设计方案都需要借助计算机技术在防洪、污染控制、雨水利用、经济成本等方面进行反复优化和评价。

8.3.3　加强城市规划和监测体系建设

涉水规划设计的实施是以内城问题为导向，以新城或发展中城市为目标。在城市雨水规划和管理中，要充分利用信息技术（如互联网、云计算、大数据等）。一些排水和雨水收集的智能设备可以通过整合小型海绵措施（如低影响开发的源头控制）、灰色基础设施（如污水管道、泵和储罐的中间迁移和控制）和大型海绵措施（如山、河、森林等）来实现。农田和湖泊为终端控制。此外，排水系统、城市地表及周边河网的径流、水质等在线实时监测是城市建设的重要组成部分。例如，通过洪水预警和预报系统，可以及时通知道路的洪水情况。根据实时监测的信息，可对短期暴雨进行实时应急响应。雨水应采用集中治理和分散治理相结合的方式进行控制和管理，实现雨水的循环利用和再利用。此外，随着气候变化引起的极端气候事件越来越频繁（Chen, 2013），将城市暴雨洪水模拟与城市天气预报监测相结合，提高城市应对气候变化和突发性灾害的能力，将是缓解城市暴雨洪水影响的重要研究领域之一。

智能海绵城市：将大都市区蓝绿基础设施规划设计，海绵城市的系统建设、管理和维护与信息技术的能力相结合，打造更高效、更智能的大都市区涉水空间。因此，希望在未来能够整合智慧城市的概念，将物联网、云计算、人工智能、大数据等信息技术应用于智能蓝绿基础设施。分布式能源和水系将在耦合的平台上共同发挥作用，绿色基础设施、海绵城市，甚至个人，都将成为这个全面而庞大的系统的一部分。

和谐海绵城市：虽然涉水规划设计结合海绵城市的理念已经提出，但它的实施面临着许多实际问题。海绵城市建设与城市涉水规划的关系必须进一步明确，二者必须相互融合，但这并非易事。海绵城市需要与城市特有的文化相融合，尤其是在城市的水文化遗产方面。可以预见的是，通过将社会科学的要素与城市涉水规划设计的实施相结合，水系统和社会经济系统之间可以发展出一种和谐的关系，最终形成和谐海绵城市的概念。

8.3.4　城市水系一体化理论的需求

海绵城市的实施主要集中在住宅小区等单元尺度上的低影响开发方法。对于城市内涝，低影响开发在中小强度降雨初期，通过生物滞留、雨水花园等方式增强雨水在城市区域的入渗和蓄积。但是，如果暴雨强度非常高，超过了城市单元的存储能力，低影响开发在小尺度上的作用将非常有限。成功的海绵城市案例在大都市区并不常见，案例仍只是分布在大城市中心区的装饰品。示范区和雨水吸收功能远远不能满足城市内涝防治和雨水利用的需要。北京朝阳区奥林匹克公园中心区和中央商务区核心区是著名的案例，根据海绵城市建设的指导方针，建设面积应覆盖整个城市的 20% 以上。然而，现有的基础设施和规划与海绵城市的建设严重矛盾，这使得对过时的基础设施进行改造变得困难和昂贵。如果在整个城市水系统范畴下既利用低影响开发和城市湖泊和河流系统的存储功能，也考虑水量、水质、水生态系统问题，以及人为活动的动态变化，城市水系统途径将有一个更好的实施效果。因此，海绵城市的核心是水系统的概念，包括在生态环境系统和城市系统变化下，降雨与径流、相对洪水、水污染和利用等复杂非线性关系的城市产流。这些密切相关的问题属于一个综合的水问题，涉及城市规划、建设、监测和管理，以及城市居民和生产等众多相关层面和部门（Xia，2014；住房和城乡建设部，2014）。根据水循环理论，应开展市政工程、水文学、环境科学、社会科学和生态学等多部门合作和多学科研究。

海绵城市的示范区仍然有限，还无法吸收与全城区年平均径流量控制率（60%以上）对应的雨水量。在城市总体规划和其他专项规划中，海绵城市的建设面积应得到重视。例如，设计师可以在未来将海绵城市的价值添加到房地产行业，为社区创造一个华丽的公共空间。示范区不仅缓解了城市内涝的频率和影响，而且使城市居民更接近绿色的植物和清洁的水体，使居民在繁忙的城市生活中更加愉快。除了审美功能，它还增加了生物多样性，缓解了热岛效应，并提高了周围的房价。但要注意避免盲目开发示范区，特别是源头控制措施。

参考文献

[1] 刘昌明, 王红瑞. 浅析水资源与人口、经济和社会环境的关系[J]. 自然资源学报, 2003, 18(5): 635-644.

[2] 胡宝柱, 高磊磊, 王娜. 水库建设对生态环境的影响分析[J]. 浙江水利水电专科学校学报, 2008, 20(2): 41-43.

[3] 夏军, 黄国和, 占车生. 南水北调中线工程对区域经济社会可持续发展影响研究的几个关键问题[J]. 北京师范大学学报（自然科学版）, 2009, 45(5): 484-489.

[4] 王思思, 张丹明. 澳大利亚水敏感城市设计及启示[J]. 中国给水排水, 2010, 26(20): 64-68.

[5] 贺缠生, 傅伯杰. 美国水资源政策演变及启示[J]. 资源科学, 1998(1): 73-79.

[6] 傅伯杰, 吕一河. 生态系统评估的景观生态学基础[J]. 资源科学, 2006, 28(4): 5-5.

[7] 陈利顶, 李秀珍, 傅伯杰, 等. 中国景观生态学发展历程与未来研究重点[J]. 生态学报, 2014, 34(12): 3129-3141.

[8] 傅伯杰, 吕一河, 陈利顶, 等. 国际景观生态学研究新进展[J]. 生态学报, 2008, 28(2): 798-804.

[9] 钱正英, 陈家琦, 冯杰. 从供水管理到需水管理[J]. 中国水利, 2009(5): 20-23.

[10] 张民服. 黄河下游段河南湖泽陂塘的形成及其变迁[J]. 中国农史, 1988(2): 40-47.

[11] 孙施文, 邓永成. 上海城市规划作用研究[J]. 城市规划汇刊, 1997(2): 31-39.

[12] 薛凌霞, 孙鹏举. 兰州市土地利用总体规划实施评价[J]. 甘肃农业大学学报, 2008, 43(2): 120-124.

[13] 余向克, 邓良基, 李何超. 土地利用规划实施评价方法探析[J]. 国土资源科技管理, 2006, 23(1): 32-36.

[14] 孙施文. 城市规划的实践与实效——关于《城市规划实效论》的评论[J]. 规划师, 2000, 16(2): 78-82.

[15] 杨洁, 毕军, 顾朝林, 等. 城市规划的环境影响评价研究初探[J]. 环境污染与防治, 2004, 26(6): 465-467, 474.

[16] 田莉, 吕传廷, 沈体雁. 城市总体规划实施评价的理论与实证研究——以广州市总体规划（2001—2010年）为例[J]. 城市规划学刊, 2008(5): 90-96.

[17] 李王鸣, 应云仙. 生态伦理——城市规划视角纳新[J]. 城市规划, 2007, 31(6): 28-31.

[18] 龙瀛, 韩昊英, 谷一桢, 等. 城市规划实施的时空动态评价[J]. 地理科学进展, 2011, 30(8): 967-977.

[19] 汪恕诚. 人与自然和谐相处——中国水资源问题及对策[J]. 北京师范大学学报（自然科学版）, 2009, 45(5): 441-445.

[20] 吴一洲, 吴次芳, 李波, 等. 城市规划控制绩效的时空演化及其机理探析——以北京1958—2004年间五次总体规划为例[J]. 城市规划, 2013, 37(7): 33-41.

[21] 傅微, 李迪华. 新中国成立以来北京水规划对水资源情况变迁的影响[J]. 城市发展研究, 2012, 19(9): 74-80.

[22] 傅微, 俞孔坚. 基于生态安全格局的城市大规模绿化方法——北京百万亩平原生态造林[J]. 城市规划, 2018, 42(12): 125-131.

[23] 于淼, 魏源送, 刘俊国, 等. 永定河（北京段）水资源、水环境的变迁及流域社会经济发展对其影响[J]. 环境科学学报, 2011, 31(9): 1817-1825.

[24] 鲍超, 方创琳. 干旱区水资源对城市化约束强度的时空变化分析[J]. 地理学报, 2008, 63(11): 1140-1150.

[25] 杨本津. 关于地下水源污染与保护问题[J]. 环境保护, 1973(2): 18-20.

[26] 王振宇. 北京市主要水旱灾害风险分析及对策[J]. 中国水利, 2016(10): 8-10.

[27] 仇保兴. 城镇水环境的形势 挑战 对策[J]. 北京水务, 2006(1): 2-4.

[28] 严登华, 王浩, 何岩, 等. 中国东北区沼泽湿地景观的动态变化[J]. 生态学杂志, 2006, 25(3): 249-254.

[29] 宫兆宁, 张翼然, 宫辉力, 等. 北京湿地景观格局演变特征与驱动机制分析[J]. 地理学报, 2011, 66(1): 77-88.

[30] 夏军, 刘孟雨, 贾绍凤, 等. 华北地区水资源及水安全问题的思考与研究[J]. 自然资源学报, 2004, 19(5): 550-560.

[31] 王亚华, 黄译萱, 唐啸. 中国水利发展阶段划分：理论框架与评判[J]. 自然资源学报, 2013, 28(6): 922-930.

[32] 甘治国, 蒋云钟, 鲁帆, 等. 北京市水资源配置模拟模型研究[J].水利学报, 2008, 39(1): 91-95, 102.

[33] 刘记来, 庞忠和, 王素芬, 等. 近30年来降水量变化和人类活动对北京潮白河冲洪积扇地下水动态的影响[J]. 第四纪研究, 2010, 30(1): 138-144.

[34] 钟佳, 魏源送, 王亚炜, 等. 社会经济发展对永定河流域（北京段）与温榆河流域地下水的影响分析[J]. 环境科学学报, 2011, 31(9): 1826-1834.

[35] 欧阳志云, 王如松, 李伟峰, 等. 北京市环城绿化隔离带生态规划[J]. 生态学报, 2005, 25(5): 965-971.

[36] 孙守家, 雷帅, 仇兰芬, 等. 北京城市绿地与周边道路空气CO_2浓度和$\delta^{13}C$值的差异及影响因素[J]. 应用生态学报, 2019, 30(11): 3844-3854.

[37] 米子龙, 付征垚, 黄鹏飞. 北京城市排水与防涝总体规划解读[J]. 北京规划建设, 2018(2): 79-83.

[38] 郑克白, 徐宏庆, 康晓鹍, 等. 北京市《雨水控制与利用工程设计规范》解读[J]. 给水排水, 2014(5): 55-60.

[39] 黄越, 顾燚芸, 阳文锐, 等. 如何在北京充分实现受胁鸟类栖息地保护？[J]. 生物多样性, 2021, 29(3): 340-350.

[40] 白雪红, 王文杰, 蒋卫国, 等. 气候变化背景下京津冀地区濒危水鸟潜在适宜区模拟及保护空缺分析[J]. 环境科学研究, 2019, 32(6): 1001-1011.

[41] 肖静, 崔莉, 李俊清. 基于ZONATION的岷山山系多物种保护规划[J]. 生态学报, 2016, 36(2): 420-429.

[42] 闻丞, 顾垒, 王昊, 等. 基于最受关注濒危物种分布的国家级自然保护区空缺分析[J]. 生物多样性, 2015, 23(5): 591-600.

[43] 俞孔坚, 王春连, 李迪华, 等. 水生态空间红线概念、划定方法及实证研究[J]. 生态学报, 2019, 39(16): 5909-5921.

[44] 俞孔坚, 许涛, 李迪华, 等. 城市水系统弹性研究进展[J]. 城市规划学刊, 2015(1): 75-83.

[45] 俞孔坚, 李迪华, 袁弘, 等. "海绵城市"理论与实践[J]. 城市规划, 2015, 39(6): 26-36.

[46] 王文静, 逯非, 欧阳志云. 国土空间生态修复与保护空间识别——以北京市为例[J]. 生态学报, 2022, 42(6): 2074-2085.

[47] DI BALDASSARRE G, WANDERS N, AGHAKOUCHAK A, et al. Water shortages worsened by reservoir effects[J]. Nature Sustainability, 2018, 1: 617-622.

[48] DEBUSK K M, HUNT W F, LINE D E. Bioretention outflow: Does it mimic non-urban watershed shallow interflow?[J]. Journal of Hydrologic Engineering, 2011, 16: 274-279.

[49] VAN ROOIJEN D, TURRAL H, WADE BIGGS T. Sponge city: Water balance of mega-city water use and wastewater use in Hyderabad, India[J]. Irrigation and Drainage, 2005, 54(Suppl. 1): S81-S91.

[50] JU X, XING G, CHEN X, et al. Reducing environmental risk by improving N management in intensive Chinese agricultural systems[J]. Proceedings of the National Academy of Sciences, 2009, 106: 3041-3046.

[51] CHEN B B, GONG H, LI X J, et al. Spatial-temporal characteristics of land subsidence corresponding to dynamic groundwater funnel in Beijing municipality, China[J]. Chinese Geographical Science, 2011, 21: 753-764.

[52] HAASE D, NUISSL H. Does urban sprawl drive changes in the water balance and policy? The case of Leipzig (Germany) 1870-2003[J]. Landscape and Urban Planning, 2007, 80: 1-13.

[53] CLARVIS M H, ALLAN A, HANNAH D M. Water, resilience and the law: From general concepts and governance design principles to actionable mechanisms[J]. Environmental Science & Policy, 2013, 43: 98-110.

[54] BURKHARD R, DELETIC A, CRAIG A. Techniques for water and wastewater management: A review of techniques and their integration in planning[J]. Urban Water, 2000, 2: 197-221.